Herman D. Froning Jr.

# The Halcyon Years of Air and Space Flight: E a Busca Contínua

Herman D. Froning Jr.

# The Halcyon Years of Air and Space Flight: E a Busca Contínua

ScienciaScripts

**Imprint**



Cover image: www.ingimage.com

This book is a translation from the original published under ISBN 978-3-659-86320-2.

Publisher:
Sciencia Scripts
is a trademark of
Dodo Books Indian Ocean Ltd. and OmniScriptum S.R.L publishing group

120 High Road, East Finchley, London, N2 9ED, United Kingdom
Str. Armeneasca 28/1, office 1, Chisinau MD-2012, Republic of Moldova, Europe
Managing Directors: Ieva Konstantinova, Victoria Ursu
info@omniscriptum.com

Printed at: see last page
**ISBN: 978-620-8-39009-9**

# Índice

O vaivém espacial da NASA a subir acima das nuvens da Terra, a caminho do espaço.

## Avançar

**É difícil destacar uma época da história em que a humanidade fez o seu maior progresso no avanço do voo. Mas creio que foi entre 1945 e 1985 que se registou a maior vaga de progressos no que respeita a voar mais depressa e mais longe. Este progresso não se deveu a um grande e nobre objetivo - mas sobretudo ao medo e ao orgulho. Esta época começou em 1945, quando a primeira explosão nuclear do mundo ocorreu sobre o deserto do Novo México e teve início uma perigosa "guerra fria" de 40 anos entre a Rússia e a América. E 1945 foi o ano em que se iniciou o projeto do primeiro avião a quebrar a barreira do som. Esta época e a guerra fria começaram a terminar em 1985, quando Mikhail Gorbachev, da Rússia, iniciou um período de abertura "glasnost". Nessa altura, a sonda espacial Pioneer 10 atravessou a órbita de Neptuno, voando agora em direção ao fim do nosso sistema solar e ao início do espaço interestelar.**

**Este período, a que chamo os "Anos de Halcyon" do voo aéreo e espacial, ocorreu devido à necessidade sentida pela Rússia e pela América de ganharem a supremacia aérea e espacial uma sobre a outra. Durante este período, as barreiras do "som" e do "calor", que impediam voos mais rápidos e mais longos, foram ultrapassadas - a velocidade aumentou quase 50 vezes e a distância de voo quase 100.000 vezes. A eletrónica digital e os motores a jato revolucionaram as viagens aéreas, e os motores de foguetão e os sistemas de proteção térmica permitiram aos seres humanos aterrar e regressar da Lua. Tanto a Rússia como os EUA desenvolveram estações espaciais, naves espaciais que voavam como aviões e sondas espaciais para visitar todos os grandes planetas e o Sol.**

**Tive a sorte de a minha vida aeroespacial ter abrangido todos os anos deste período notável, exceto os primeiros 5 anos. E embora não tenha sido um dos seus famosos participantes, tive encontros interessantes com alguns que o foram. Por outro lado, eu e os meus colegas desempenhámos um pequeno papel ao ajudar a ultrapassar algumas barreiras de voo que a América enfrentou durante este período emocionante. Estas barreiras de voo foram ultrapassadas em programas militares confidenciais que não foram divulgados como o foram os conhecidos programas espaciais da NASA. Estes programas militares já não são confidenciais, mas ainda se sabe pouco sobre eles. Assim, algumas coisas neste livro podem acrescentar uma pequena quantidade de história aeronáutica e espacial sobre alguns dos avanços dos veículos militares dos EUA que foram feitos durante os anos de glória dos voos aéreos e espaciais.**

**Os anos de glória também aperfeiçoaram as tecnologias que revolucionaram as viagens aéreas, tornando-as muito mais rápidas, seguras, confortáveis e económicas. Estas tecnologias incluíam motores a jato cujo desempenho não era limitado pela velocidade máxima permitida das pás das hélices. E isto criou a estupenda infraestrutura de viagens aéreas de aviões, companhias aéreas, aeroportos, hotéis e organizações de viagens que proporcionaram milhões de novas carreiras e experiências aos habitantes da Terra.**

**A tecnologia dos foguetões e dos satélites também avançou o suficiente durante os anos de halcyon para dar início a uma indústria espacial comercial mundial de satélites de comunicação que orbitam a Terra e fornecem a Internet e as redes de telecomunicações que mudaram a vida de quase todos os seres humanos. Por fim, os anos de halcyon foram também os anos dourados da exploração planetária - quando a NASA aproveitou um raro**

(uma vez em cada 175 anos) alinhamento de Júpiter-Saturno-Urano-Neptuno para os visitar a todos - explorando mais sistema solar do que todas as explorações de sondas espaciais desde então.

O período seguinte (1985-2015) durou até ao fim da minha vida aeroespacial. Menos arrojado do que o período anterior, deu ênfase a outros avanços aeroespaciais para além da velocidade e do alcance. Revelou também a dolorosa verdade de que barreiras formidáveis continuavam a obstruir os nossos próximos grandes passos no espaço. Este livro menciona alguns desses obstáculos, agora bem conhecidos, como o consumo excessivo de combustível e o custo dos veículos e a segurança insuficiente dos voos espaciais tripulados. Lamentavelmente, não existe atualmente nenhum veículo que se aproxime de ultrapassar estes obstáculos. Mas são apresentados exemplos dos tipos de veículos futuros que poderão vir a fazê-lo no futuro. Não é provável que estes exemplos sejam exatamente iguais aos que acabarão por revolucionar os voos espaciais. Mas ilustram os tipos de avanços na conceção de futuros veículos que poderão ser necessários.

Também me foram apresentadas novas ideias como a "dilatação do espaço-tempo perto da velocidade da luz" e ideias bizarras como a energia do "ponto zero" no próprio espaço e viagens mais rápidas do que a luz através da "deformação" desse espaço". E a prossecução destas ideias estranhas começou com uma experiência extraordinária num país comunista pouco amigável.

Em suma, o livro faz uma retrospetiva da vida aeroespacial, durante a era de ouro dos voos aéreos e espaciais, quando se registou a mais rápida vaga de avanços aeroespaciais alguma vez ocorrida (até agora) na Terra. Depois, recorda os anos aeroespaciais menos felizes que se seguiram - por vezes gastos em investigação aparentemente infrutífera sobre formas de ultrapassar as formidáveis barreiras aos voos espaciais que ainda subsistem. Mas embora este trabalho, realizado por pessoas dedicadas e de talento brilhante, não tenha sido tão bem sucedido como gostaríamos, esperamos que ele e o trabalho futuro de mais pessoas dedicadas e de talento brilhante preparem o terreno para uma nova "idade de ouro do avanço dos voos aéreos e espaciais" - uma idade que nos leve até às estrelas.

Por último, discuto a possibilidade de as sociedades da Terra se tornarem sociedades espaciais que se expandem para além do nosso sistema solar. Estudos anteriores demonstram que mesmo velocidades lentas abaixo da luz permitiriam que naves estelares auto-replicantes colonizassem toda a nossa galáxia. Mas outros estudos mostram obstáculos sócio-políticos aparentemente impossíveis para as civilizações que se tornariam espaciais. Assim, o livro termina com uma visão sobre os possíveis futuros dos voos espaciais.

# Autor

## Herman David Froning, Jr.

**Herman Froning trabalhou na vanguarda da ciência e tecnologia aeronáutica e de voos espaciais durante mais de 50 anos, incluindo grande parte do emocionante período de 19451985 - período em que ocorreu o maior aumento da velocidade de voo e da distância acima da Terra. Realizou trabalhos de investigação e desenvolvimento para a Força Aérea dos EUA, Boeing, McDonnell Douglas e para a sua própria empresa, a Flight Unlimited. Exemplos do seu trabalho pioneiro incluem a conceção do conceito de configuração dos primeiros mísseis anti-balísticos do mundo e a investigação de lançadores verticais que ajudaram a criar os actuais sistemas de lançamento vertical em navios de guerra. E foi o primeiro a explorar a utilização das energias de flutuação do ponto zero do espaço para energia e propulsão espacial. A sua própria empresa, Flight Unlimited, realizou trabalhos para a Força Aérea dos EUA; Administração Nacional de Aeronáutica e Espaço; Administração Espacial Europeia; ANSER; Laboratório de Balística de Allegany; Thiokol Corporation. Foi membro da Sociedade Interplanetária Britânica; membro associado do Instituto Americano de Aeronáutica e Astronáutica; e membro da Academia Internacional de Astronáutica. Participou em vários painéis e foi um dos participantes fundadores do programa "Breakthrough Propulsion Physics" da NASA.**

## Ultrapassar a "barreira do som

Embora muitas pessoas soubessem que balas de espingarda densas e resistentes voavam através do ar mais depressa do que as ondas sonoras, muito poucos especialistas em aeronáutica no início da década de 1940 acreditavam que as aeronaves habitadas pudessem alguma vez voar mais depressa do que a velocidade do som. Com efeito, tais aeronaves teriam de acelerar em segurança através de uma "barreira do som", uma parede de ar de alta pressão que se forma, como se mostra abaixo, em torno de aeronaves cuja velocidade é igual à velocidade do som no ar. Em 1946, quando comecei a estudar engenharia aeronáutica na Universidade de Illinois, acreditava-se que esta barreira era intransponível. Com efeito, os corajosos pilotos de ensaio britânicos já tinham perdido a vida em aeronaves rápidas que se tinham tornado incontroláveis, desintegrando-se mesmo antes de atingirem a velocidade do som.

Condensação do ar na região em torno de um avião F-18 onde a velocidade do som é atingida

Juntei-me à procura de ultrapassar a "barreira do som" muito depois de esta ter começado, no início da década de 1940. Estava na escola de pós-graduação da Universidade de Michigan e fiquei fascinado com a aerodinâmica transónica - estudo da mudança radical no fluxo de ar sobre um veículo e a rápida mudança nas forças e momentos que actuam sobre ele à medida que se aproxima, excede e ultrapassa a velocidade do som. Após a licenciatura, cumpri um curto período na Força Aérea dos EUA e retomei a minha carreira de engenheiro aeronáutico na Boeing, a empresa em que tinha entrado depois de me ter licenciado na Universidade de Illinois. Regressei à Boeing porque esta tinha acabado de desenvolver o primeiro túnel de vento transónico de grandes dimensões, capaz de obter uma excelente qualidade de fluxo a velocidades transónicas. Pensei que trabalhar neste túnel me permitiria estar entre os primeiros a conhecer as forças e os momentos reais que actuavam nos aviões e mísseis quando atingiam e ultrapassavam a velocidade do som. E a novíssima informação obtida com estes testes dar-me-ia uma boa vantagem na conceção de diferentes futuras aeronaves de alta velocidade. E foi o que realmente aconteceu, pois mês após mês e teste após teste foram resolvidos mais mistérios do voo transónico.

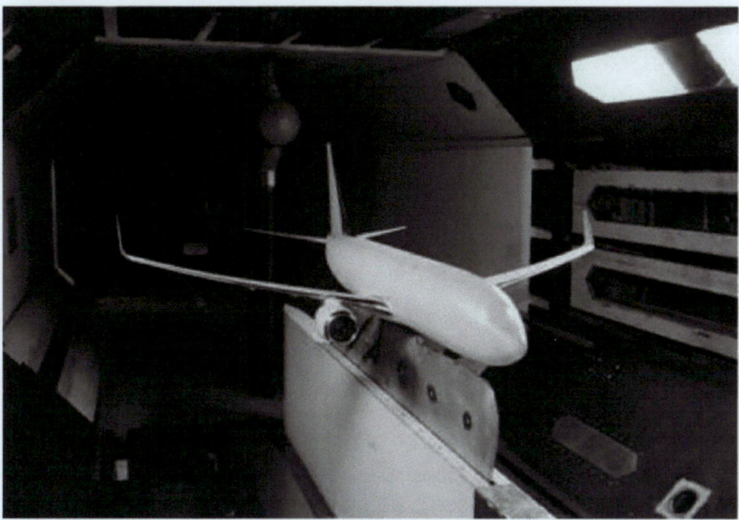

Hoje, cerca de 60 anos depois da presença do autor, o túnel de vento transónico da Boeing continua a gerar dados vitais para os voos futuros.

Em 1955, recebi uma proposta de emprego extremamente tentadora da Douglas Aircraft em Santa Mónica, Califórnia. Estavam muito interessados na minha combinação particular de experiência académica, militar e industrial, pelo que parecia ser altura de fazer uma mudança. Depois, enquanto conduzia para o sul da Califórnia, lembrei-me que tinha de encontrar uma nova base da Força Aérea para cumprir as minhas duas semanas de serviço ativo na reserva todos os anos. A melhor base aérea possível seria o Centro de Ensaios de Voo da Força Aérea em Edwards, na Califórnia, onde eram testados todos os novos aviões da Força Aérea. Mas a hipótese de um reles oficial da reserva como eu servir nesse local parecia remota. Mas Edwards não ficava muito longe do meu caminho para Santa Mónica. Por isso, decidi experimentar Edwards.

Contei o meu objetivo a uma senhora no edifício da Direção de Voo e fiquei espantado quando ela me disse imediatamente: "Devia falar com o Coronel Yeager" e me levou ao seu gabinete. Eu tinha muito poucos heróis da aviação, mas o Coronel Yeager era um deles. Ainda me lembro da minha excitação quando estava na Universidade de Illinois em 1947 e ouvi a notícia eletrizante de que Charles (Chuck) Yeager se tinha tornado o primeiro ser humano a voar mais rápido do que a velocidade do som. Ainda não tinham sido divulgados pormenores sobre o seu voo. Mas eu estava ciente do seu feito épico como engenheiro aeronáutico e piloto. O Coronel Yeager parecia interessado no que eu tinha aprendido sobre estabilidade e controlo transónicos na Universidade de Michigan e no Túnel de Vento da Boeing. Aparentemente, os novos aviões da Força Aérea estavam a deparar-se com novos problemas de controlo de voo a velocidades transónicas. Por isso, imagino que ele estivesse provavelmente interessado em recolher tudo o que pudesse sobre este tema - mesmo de um reles oficial da reserva da Força Aérea como eu. Depois de uma conversa muito agradável, fiquei radiante quando o meu herói me apertou a mão na despedida e me disse para me apresentar no seu gabinete assim que chegasse a Edwards para começar as minhas primeiras duas semanas de serviço na reserva da Força Aérea.

O avião-foguetão Bell, X-1. Este avião foi pilotado por Charles Yeager para quebrar a "barreira do som" pela primeira vez. Esta fotografia foi tirada mais ou menos na mesma altura do famoso voo de Yeager.

Atualmente, esta área faz parte do atual Centro de Ensaios de Voo de Edwards - na altura, normalmente designado apenas por "Muroc".

O meu primeiro trabalho na Douglas consistia em aperfeiçoar as caraterísticas aerodinâmicas de mísseis lançados de aviões, para melhorar o seu comportamento em voo. Assim, o facto de ser um aviador com experiência em aeronaves na Boeing e na Força Aérea foi útil. Do mesmo modo, a minha experiência anterior na Boeing e a minha experiência atual na Douglas revelar-se-iam úteis no meu trabalho na Reserva da Força Aérea em Edwards, cuja principal atividade durante grande parte da década de 1950 foi o desenvolvimento da primeira geração de aviões supersónicos da Força Aérea.

À medida que os aviões militares atingiam velocidades mais elevadas, começavam a sofrer turbulências e a reduzir a estabilidade e o controlo, à medida que se aproximavam da velocidade do som em mergulhos íngremes a alta velocidade. Depois, ocorreu um enorme aumento da pressão do ar e da resistência à medida que as aeronaves atingiam quase a velocidade do som (cerca de 1200 quilómetros por hora). E os meus primeiros testes transónicos de veículos supersónicos no túnel de vento transónico da Boeing revelaram um comportamento de voo adverso que continuou até 8

muito depois de a velocidade do som ter sido ultrapassada. Assim, adquirir muito mais conhecimentos sobre aerodinâmica transónica e dinâmica de voo foi vital para ultrapassar a barreira do som em 1955. E, portanto, foi um grande desafio na Base da Força Aérea de Edwards quando me apresentei ao Coronel Yeager para o meu primeiro período de serviço na reserva.

Desde a última vez que o vi, o Coronel Yeager tinha sido promovido e enviado para a Europa. Por isso, passei a reportar ao Coronel Jack Ridley, que era quase tão lendário como Yeager. Ridley tinha sido o principal consultor de Yeager durante os seus famosos voos e tinha a fama de ter uma capacidade extraordinária para tomar decisões técnicas corretas durante aqueles dias pioneiros do voo a alta velocidade. Também se atribui a Ridley a organização de Edwards no Centro de Excelência de Testes de Voo que é atualmente. E foi ele que teve de decidir o que fazer com o humilde oficial da reserva que um dia apareceu no seu escritório.

Na nossa primeira reunião, Ridley viu que o meu trabalho na Douglas Aircraft poderia ser útil para a sua Direção. Com efeito, o meu trabalho de aerodinâmica e de simulação de voo na Douglas estava a revelar um acoplamento adverso entre a guinada e o rolamento para o comportamento da guinada e do rolamento de algumas classes de veículos a velocidades transónicas-supersónicas - causando uma divergência catastrófica do seu voo. Este tipo de problema era uma das principais preocupações da sua Direção no desenvolvimento de aeronaves supersónicas. Assim, decidiu que cada ano do meu serviço de reserva apoiaria um projeto de aeronave diferente. Cerca de 1/3 do meu tempo seria dedicado ao estudo de relatórios de projectos de aeronaves. Outro 1/3 seria o apoio a ensaios de voo de aeronaves; e o último 1/3 seria a partilha da minha experiência aplicável em aerodinâmica e simulação com os membros apropriados do projeto. E penso que este plano de Ridley funcionou bem durante todo o meu tempo em Edwards. Em 1956, o Coronel Ridley foi promovido e transferido para outro comando e, em 1957, fiquei chocado e triste ao saber que ele tinha morrido num acidente com um C-47 no Japão.

Em Edwards, fiquei a saber dos pilotos de testes militares americanos e britânicos que se perderam nas primeiras tentativas de ultrapassar a barreira do som. Os pilotos americanos foram Richard Bong, num P-80; Milo Burcham, num YP-80; Glen Edwards, num YB-49; e George Welsh, num F-100. E durante os meus cinco anos de serviço na reserva em Edwards, mais dois pilotos de teste perderam a vida lá. Foram Mel Apt, num avião de investigação X-2, e Ivan Carl, num avião de testes F-104. Nunca tinha trabalhado com nenhum deles, mas conhecia-os suficientemente bem para ter um sentimento de "perda". E lembro-me de que as suas mortes me provocaram um sentimento de ligeira autocondenação, pela contribuição aeronáutica relativamente segura que a minha vida científica e de engenharia estava a dar para o voo supersónico - em comparação com os sacrifícios supremos que estes homens tinham feito.

Depois de eu ter deixado Edwards em 1960, morreram mais dois pilotos de ensaio: Joseph Walker (F-104 em 1966) e Michael Adams (X-15 em 1967) também pereceram. Assim, calculo que pelo menos 7 pilotos de ensaio da Força Aérea se perderam na perigosa e desafiante busca de um voo super-sónico seguro. Do mesmo modo, na Apollo, 3 astronautas pilotos de testes pereceram num acidente no solo e 4 astronautas pilotos de testes (e também 8 especialistas de missão) perderam-se em dois acidentes com vaivéns. Assim, parece que um número semelhante de pilotos de ensaio militares se perdeu no desenvolvimento do voo supersónico pela Força Aérea e no desenvolvimento do voo supersónico pela NASA durante as primeiras épocas do voo espacial humano.

Por volta de 1975, a grande potência dos motores e muito mais conhecimentos teóricos e experimentais tinham dado aos criadores de aeronaves suficiente poder de propulsão e conhecimentos aeronáuticos para conceber e pilotar aeronaves que podiam "deslizar" rapidamente e em segurança através da barreira do som. Assim, acelerar ou desacelerar através da barreira do som tornou-se rotina para os aviões militares e também para a tripulação e os passageiros dos aviões supersónicos britânicos e franceses "Concord" - que transportaram milhões de passageiros para além da velocidade do som durante 27 anos, entre 1976 e 2003.

**O avião supersónico Concord da British Airways a acelerar através do choque de condensação associado à velocidade do som, a caminho de uma velocidade superior (duas vezes a velocidade do som). A frota do Concord da British Airlines transportou passageiros através da velocidade do som quase 100.000 vezes - acelerando e depois desacelerando através da velocidade do som (Mach 1.0) durante cada voo.**

## Quebrar a "barreira do calor"

**Agora, mesmo antes de a barreira do som ter sido totalmente ultrapassada, a "barreira do calor" ergueu-se para dificultar as coisas para os veículos que voavam mais depressa do que o dobro da velocidade do som. Porque a uma velocidade superior a Mach 2.0, o ar aquecido aerodinamicamente que penetrava nas peles de alumínio era suficientemente quente para as enfraquecer seriamente. E a velocidades 5 vezes mais rápidas, o ar aquecia o suficiente para derreter aços fortes.**

**O nariz e a pele de um veículo de alta velocidade aquecem mais do que as temperaturas de fusão de alguns aços. Estes veículos eram necessários para: o lançamento de armas a alta velocidade, a defesa contra mísseis intercontinentais e o regresso em segurança de pessoas à Terra após viagens pelo espaço.**

**Na década de 1960, os investigadores desenvolveram estruturas de titânio de alta temperatura que podiam suportar temperaturas de cerca de 500 graus centígrados (C) e permitir o desenvolvimento do bombardeiro XB-70 e do avião espião SR-71, que excediam Mach 3.0. Os metalúrgicos desenvolveram então o INCONEL - uma liga de níquel, crómio e ferro que suportava temperaturas de 700 graus centígrados. Isto resultou na sua utilização no avião de investigação X-15 Mach 6.0. E os aços com columbium foram considerados capazes de suportar temperaturas de 1400 graus. Temperaturas que permitem velocidades 10 a 20 vezes superiores às do som.**

**As estruturas metálicas de baixa temperatura, protegidas por materiais de plástico, vidro ou cerâmica de temperatura mais elevada, foram consideradas as melhores para os veículos de reentrada. Neste caso, a estrutura metálica era protegida por materiais "dissipadores de calor" ou "ablativos" que, ao fundirem-se ou vaporizarem-se, podiam absorver ou transportar com segurança o calor nocivo.**

**Foram utilizados materiais dissipadores de calor nos primeiros cones de nariz dos ICBM. Mas os materiais ablativos, muito mais leves, depressa se revelaram superiores. Assim, os materiais ablativos foram utilizados em sistemas militares posteriores e em todos os**

sistemas de reentrada da NASA dos programas Mercury, Gemini e Apollo. Esses materiais foram também utilizados em sistemas de mísseis hiper-sónicos não pilotados que viajavam a uma velocidade superior a Mach 6 no ar. Os materiais ablativos típicos eram a fibra de vidro fenólica, o nylon e o teflon. A NASA não referiu problemas graves de desenvolvimento de escudos térmicos nos seus programas, possivelmente porque os seus escudos térmicos largos e de elevado arrastamento sofriam intensidades de aquecimento relativamente moderadas.

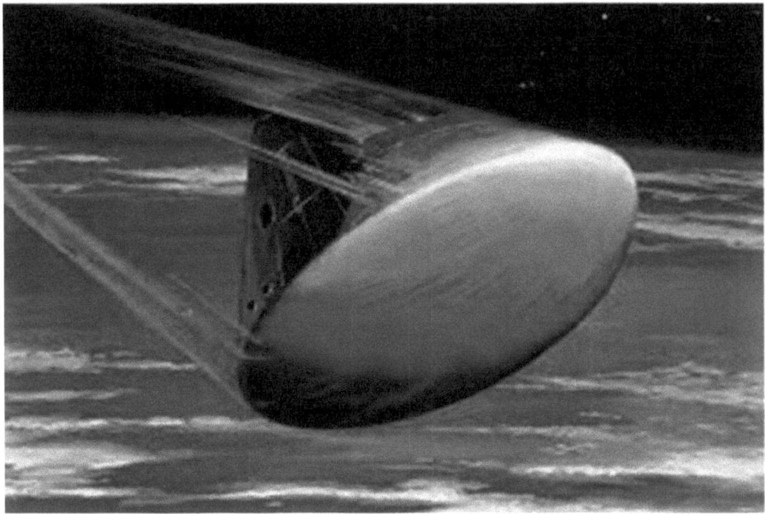

Escudo térmico do veículo de reentrada da Apollo que protegeu três astronautas da Apollo do calor abrasador durante cada regresso seguro da Apollo à Terra

O míssil anti-míssil Douglas Nike Zeus era um sistema hipersónico de segunda geração, cujo nariz "afiado" tinha de suportar pressões e taxas de aquecimento mais elevadas do que os narizes grandes e rombos dos veículos de reentrada militares e da NASA. O Zeus também tinha de viajar mais depressa através de ar de maior pressão e de menor altitude. Assim, todas as suas áreas de superfície tendiam a sofrer pressões e taxas de aquecimento mais elevadas. O Zeus também era guiado e controlado no ar e no espaço, o que exigia superfícies de controlo acionadas por veios de aço inoxidável, que tinham de ser protegidos do ar muito quente e de alta pressão.

Ultrapassar a barreira de calor quente do Nike Zeus era vital para mim. Eu tinha sido o arquiteto inicial deste míssil de 3 fases - cujas 4 superfícies de controlo móveis dirigiam as 3 fases do míssil. Estavam localizadas na fase mais avançada do míssil para permitir a remoção de grande parte do peso da asa e do arrasto da segunda fase do míssil. Isto aumentou a sua velocidade, altitude e área que podia proteger. E as coisas correram bem no início. Os primeiros testes hipersónicos em túnel de vento revelaram que o míssil era voável, apesar de se ter verificado que os vórtices libertados pelas 4 aletas de controlo móveis causavam mudanças rápidas nos momentos de inclinação e de guinada do míssil durante o voo de manobra. Este comportamento desafiou os projectistas do piloto automático do míssil, mas foi aceitável.

No primeiro voo, a separação da fase de propulsão através da ignição do foguetão da segunda fase não foi conseguida - apenas uma explosão muito grande. Um pequeno grupo de trabalho chefiado por Norman Augustine (que mais tarde se tornou Secretário Adjunto do Exército e, finalmente, Diretor Executivo da Lockheed-Martin Corporation) descobriu que o arrastamento das duas fases dianteiras do míssil era muito maior do que o do foguetão de separação. Assim, a fase intermédia e a fase de propulsão permaneciam juntas durante tempo suficiente para que as pressões explosivas do foguetão se acumulassem na região entre elas. Este problema foi resolvido através de orifícios na estrutura entre as duas fases - para permitir que alguns gases do foguetão da segunda fase em chamas escapassem enquanto os restantes gases do foguetão empurravam o impulsionador para longe.

No voo de ensaio seguinte, o lançamento foi bem sucedido. O míssil acelerou mais e mais alto, mas depois explodiu novamente. Fiquei devastado quando descobrimos que cada um dos bordos de ataque das minhas 4 barbatanas de controlo (que foram moldadas para reduzir os momentos de articulação muito elevados que os actuadores hidráulicos do Zeus tinham de ultrapassar) estava também a canalizar quantidades inesperadamente grandes de ar quente e de alta pressão para as regiões em forma de V existentes entre cada barbatana de controlo e o nariz cónico do míssil. E este ar quente estava a destruir cada eixo de controlo das aletas de aço inoxidável. Infelizmente, nem eu nem os peritos que analisaram a geometria da minha barbatana sabíamos o suficiente sobre propulsão supersónica de respiração de ar para perceber que a forma do bordo de ataque da barbatana, embora não tivesse a forma de uma colher de ar normal, estava, de facto, a funcionar como uma entrada ou difusor supersónico de recolha de fluxo de ar.

A minha pobre forma em planta foi rapidamente transformada numa forma convencional, e as tolerâncias apertadas entre o corpo e as alhetas deixaram apenas canais muito estreitos para o ar quente se aproximar dos eixos das alhetas. Mas todos os veios foram novamente destruídos no voo seguinte. Depois de examinados, o ar quente continuava a formar-se por detrás das complexas ondas de choque formadas pelas alhetas, e este calor continuava a propagar-se para os veios de controlo dentro do fluxo de ar da camada limite pouco profunda ao longo do nariz do míssil. Assim, tivemos o enorme problema de esculpir barreiras subtis nas proximidades das quatro aletas de controlo que pudessem impedir a formação e o fluxo de ar quente da camada limite.

Nessa altura, surgiu uma segunda pessoa que resolvia problemas: O Dr. Henry Ponsford, um novo líder de estruturas, deu um passo em frente para satisfazer a necessidade imediata. Ele propôs pulverizar água na região do eixo para manter a temperatura do eixo abaixo do seu ponto de fusão. Isto acrescentou volume, peso e complexidade indesejados a cada míssil de teste. Mas o arrefecimento por água funcionou, permitindo que os testes de voo, de necessidade vital, prosseguissem enquanto tentávamos desesperadamente esculpir uma barreira leve e de baixo arrastamento ("uma luva") para proteger eficazmente os eixos do calor quente. Uma terceira pessoa chave: Robert Womack, um jovem, brilhante, inteligente e trabalhador engenheiro da Douglas, que trabalhou dia após dia, semana após semana, projectando e testando dezenas de "luvas" diferentes. Nenhuma funcionava. Então, uma noite, em vez de ir jantar com os outros, Bob ficou, continuou a conceber mais uma barreira e testou-a. E eis que funcionou!

**"Luvas" de barreiras subtis que, finalmente, protegeram eficazmente os eixos das barbatanas de controlo do Nike Zeus do calor extremamente quente e de alta pressão durante o seu voo hipersónico a alta velocidade.**

**É provavelmente injusto destacar estes indivíduos, uma vez que muitas pessoas desempenharam papéis vitais na resolução de muitos outros problemas de aquecimento formidáveis durante o desenvolvimento do Nike Zeus. Mas estas pessoas vêm-me à memória na superação da barreira térmica do Zeus.**

**Finalmente, os sistemas hipersónicos de terceira geração incorporavam materiais reutilizáveis do sistema de proteção térmica (TPS) - como azulejos de cerâmica que foram concebidos para manter a sua integridade estrutural e térmica durante toda a vida de cada vaivém espacial - vidas que tinham de sobreviver a muitas viagens escaldantes do espaço para a Terra. Os azulejos dos vaivéns eram suficientemente numerosos para que alguns pudessem ocasionalmente falhar e ser substituídos. Mas nenhum deles podia derreter ou ablacionar-se (perder a sua massa) quando exposto ao calor. O sucesso do TPS reutilizável do Space Shuttle foi comprovado por mais de 130 viagens seguras através da atmosfera durante o seu regresso à Terra.**

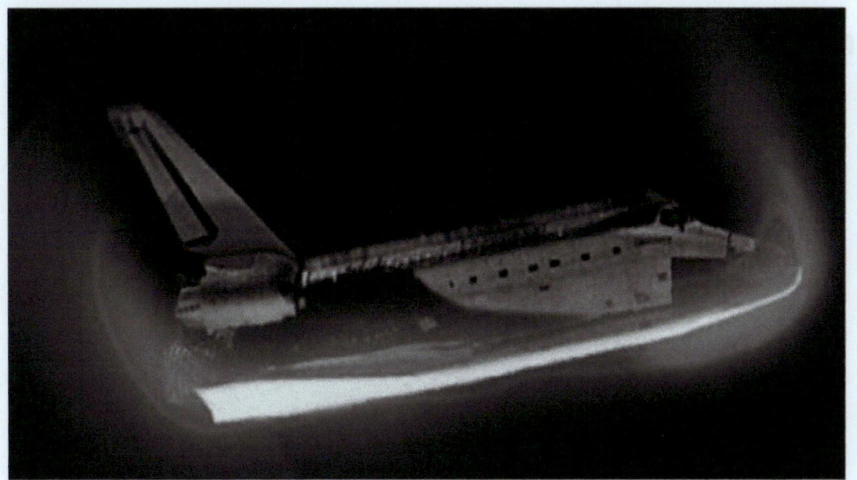

**Regiões de calor muito elevado que envolvem as superfícies inferiores (a barlavento) do corpo, nariz e asa do vaivém espacial reutilizável.**

**O Sistema de Proteção Térmica (TPS) do Vaivém Espacial funcionou muito bem. Os seus "azulejos" de alta temperatura e a estrutura isolada de várias camadas sobreviveram em segurança à barreira térmica durante mais de 130 reentradas seguras na atmosfera da Terra a partir do espaço. Mas, em fevereiro de 2003, um grande pedaço de espuma de isolamento caiu do tanque externo do vaivém espacial Columbia durante o seu trajeto para a órbita, atingindo e danificando (perfurando) um painel reforçado de carbono-carbono que era utilizado na asa esquerda do Orbitador.**

**Uma longa investigação concluiu que estes danos criaram um caminho de fluxo para o influxo de calor de reentrada que causou a desintegração do vaivém espacial Columbia nas alturas do Texas, a 23 de fevereiro. Antes disso, a maioria dos especialistas em TPS tinha assumido que o TPS do vaivém poderia ultrapassar com sucesso a barreira térmica em situações operacionais prováveis. Mas, infelizmente, os 8 astronautas do Columbia tiveram de dar a vida para fornecer a informação final sobre as alterações necessárias ao TPS e aos procedimentos do TPS para garantir a proteção do vaivém espacial durante o regresso à Terra através da barreira de calor. Assim, o TPS do Vaivém Espacial pode agora declarar vitória sobre a barreira de calor. Porque os seus veículos estão agora protegidos durante 133 viagens de ida e volta seguras ao espaço - muito mais viagens do que todas as viagens protegidas por TPS dispensáveis, que derretem e ablacionam.**

**Assim, a barreira térmica, tal como a barreira sonora, foi ultrapassada. Mas o custo elevado do peso e do risco significativos do TPS mantém-se. Assim, o desafio continua a ser o de desenvolver materiais para o TPS e concepções de TPS para veículos que possam reduzir este elevado custo.**

# Os primeiros mísseis anti-mísseis do mundo

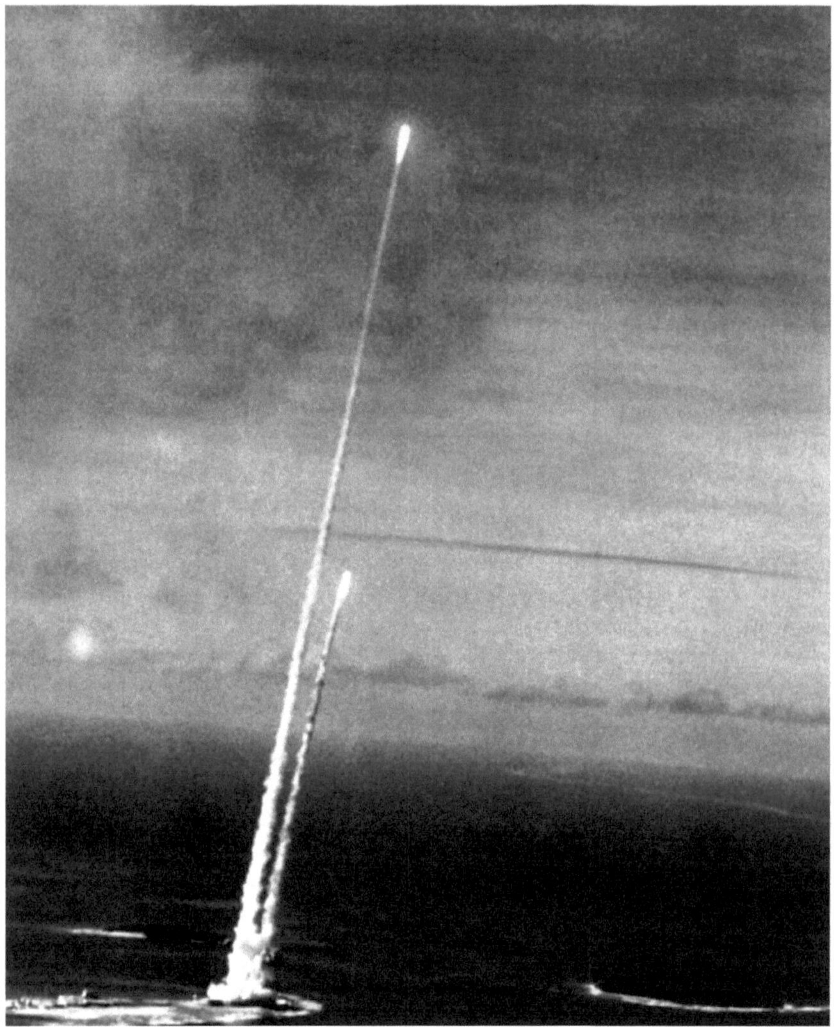

Salvo de antimísseis Zeus/Spartan lançados durante o teste de interceção CBM.

O desenvolvimento dos mísseis durante os anos Halcyon incluía os mísseis balísticos intercontinentais (ICBM) e os mísseis anti-balísticos (ABM) para defender um país contra os ICBM de outro país. E eu já estava na Douglas há algum tempo quando fui afetado ao seu programa ABM: o míssil antibalístico Nike-Zeus.

Tudo no Sistema ABM Nike-Zeus era esplêndido. Tinha o nome de "Nike", a deusa grega da guerra, e de "Zeus", o soberano supremo de todos os deuses. E a sua missão era a mais importante que eu podia imaginar em 1960 - a defesa dos Estados Unidos contra a destruição nuclear devastadora levada pelos ICBMs da União Soviética, que transportavam enormes ogivas nucleares a uma velocidade de cerca de 25.000 milhas/hora ao longo de milhares de quilómetros de distância em trajectórias em arco sobre a Terra em direção aos Estados Unidos. E uma vez que todas as partes dos sistemas ABM (deteção e discriminação de alvos e fases de rastreio e orientação de mísseis e fases de voo) foram então declaradas impossíveis por cientistas poderosos e prestigiados, isto aumentou o desafio, a motivação e a determinação de todos os membros da equipa Nike Zeus ABM.

O míssil Nike-Zeus era um dos três elementos do Sistema de Defesa contra Mísseis Balísticos Nike-Zeus que estava a ser desenvolvido pelos Laboratórios Bell e pela Western Electric Company para o Exército dos EUA. Um dos elementos era o Phased Array Radar (PAR), que detectava a chegada de ICBMs inimigos quando estes cruzavam o Pólo Norte. Outro era o Missile Site Radar (MSR) - uma estrutura que se assemelhava muito a uma pirâmide Maia, tanto em tamanho como em forma. Utilizando dados PAR, o MSR estabelecia um rastreio preciso de todos os objectos ameaçadores que se aproximavam e guiava rapidamente os mísseis Nike-Zeus em trajectórias apropriadas para intercetar os ICBMs a uma altura e distância suficientes para que qualquer detonação de ogivas nucleares não sujeitasse as áreas defendidas a explosões nucleares catastróficas e a danos por radiação. Como criadores do "transístor", os Laboratórios Bell foram os pioneiros dos circuitos integrados que deram origem ao atual mundo digital de estado sólido, pelo que lideravam claramente esta tecnologia. Assim, o Nike-Zeus PAR, o MSR e os seus sistemas de processamento de sinais e dados estavam na vanguarda do radar e do estado da arte eletrónico.

O tempo e o espaço de compromisso proporcionados pelo Zeus PAR e pelo MSR exigiam que os mísseis Zeus percorressem centenas de quilómetros de distância e subissem a uma altura semelhante no céu em menos de alguns minutos, exigindo que os mísseis Zeus atingissem velocidades superiores ao dobro das dos mísseis terra-ar mais rápidos que voavam na altura.

O míssil Nike-Zeus, rápido e ágil, tinha sido concebido anos antes de eu entrar para o Grupo de Aerodinâmica do Nike-Zeus e deveria ter o seu primeiro teste de voo em breve. A principal missão do Zeus era intercetar ICBMs de alta velocidade, mas também tinha de intercetar aeronaves inimigas a muito longo alcance e a baixa altitude, onde a velocidade do míssil era mais lenta e as grandes asas eram consideradas necessárias para fornecer força de manobra.

Mas a velocidade extremamente rápida do míssil através da atmosfera da Terra fez com que a pele metálica do míssil Zeus ficasse suficientemente quente para derreter. Assim, foram utilizadas camadas de material Teflon de alta temperatura para evitar que o calor muito quente atingisse e enfraquecesse a estrutura do míssil. Abaixo é mostrada a pele metálica do míssil original Nike-Zeus com asas, totalmente coberta por um pesado material de Teflon.

Durante o desenvolvimento, verificou-se que o aquecimento aerodinâmico era superior ao previsto, pelo que era necessário aumentar a espessura e o peso do Teflon para proteger a estrutura do míssil. E este peso adicional estava a reduzir a velocidade do míssil e, por conseguinte, a proteção que podia proporcionar. Assim, quando entrei para o grupo de aerodinâmica do Nike-Zeus, a minha primeira tarefa foi explorar a redução do peso do míssil através da redução da área das asas do Zeus.

Uma menor área de asa reduziu a elevação dos mísseis, pelo que se esperava uma diminuição da capacidade de manobra contra aeronaves em evasão. Mas uma menor capacidade antiaérea era aceitável se uma maior velocidade com asas mais pequenas e mais leves aumentasse a capacidade antimíssil do Zeus. Dois engenheiros juniores ajudaram-me a estimar o peso do míssil Zeus, a sustentação e o arrasto, com ligeiras reduções no tamanho das asas do Zeus. Depois, num computador, voámos com os mísseis modificados na sua longa missão de defesa aérea - e ficámos surpreendidos por não encontrar qualquer perda na capacidade antiaérea do Nike-Zeus. Lembrei-me então de que a elevação de um veículo é aproximadamente proporcional ao quadrado da sua velocidade. Assim, possivelmente, a perda de sustentação resultante da remoção das asas estava a ser compensada pelo aumento da sustentação resultante da maior velocidade que a redução do peso e da resistência das asas permitia. Decidi ver o que aconteceria se todo o peso, sustentação e resistência das asas fossem removidos. Tanto a capacidade anti-míssil como a anti-aérea aumentaram significativamente. O meu palpite estava certo.

Foi então que surgiu a ideia de que todo o peso e arrasto das asas e das alhetas de controlo na segunda fase poderiam ser eliminados através da localização de um único sistema de controlo (que forneceria controlo aerodinâmico no ar e controlo do vetor de impulso no espaço) na fase mais avançada. Depois de algum trabalho, o meu míssil redesenhado foi considerado quase 10% mais leve; muito mais rápido em velocidade; e com mais capacidade do que tinha sido originalmente prometido ao Exército. A versão final do novo míssil (chamado "Spartan") é apresentada. Difere da minha conceção original por ter pequenas alhetas fixas nos dois estádios de reação e uma forma diferente de plano para as alhetas de controlo no estádio de avanço, que proporcionam controlo aerodinâmico e do vetor de impulso.

Mas agora todos os grupos de mísseis e projectistas seniores foram chamados para procurar eventuais falhas técnicas na conceção do Zeus que o meu pequeno grupo de engenheiros relativamente jovens tinha feito. Fiquei muito ansioso. Será que a minha tentativa de conceber algo novo seria um fracasso público e acabaria com o meu futuro na Douglas? Felizmente, não foi encontrada nenhuma falha grave. O passo seguinte foi convencer o Exército dos EUA a fazer uma alteração radical no míssil Nike-Zeus. O hardware de orientação do míssil e os dois poderosos motores de foguete sólidos permaneceram os mesmos, mas tudo o resto foi alterado. A minha ideia de um único sistema de controlo de reação aerodinâmica para controlar as três fases do veículo permitiria enormes poupanças no custo e na complexidade do míssil, mas provavelmente um desenvolvimento mais longo. O astuto Vice-Presidente da Divisão de Mísseis e Espaço da Douglas (Ro be rt L. J o h n so n) apresentou a nossa modificação do míssil Nike-Zeus aos Laboratórios Bell e aos oficiais do Exército numa sexta-feira. Com base na experiência anterior com alterações de mísseis muito pequenas, não se esperava uma decisão durante semanas. Por isso, imaginem a nossa surpresa e espanto quando a aprovação total do míssil modificado foi recebida logo na segunda-feira de manhã. As caraterísticas e vantagens do nosso míssil revisto eram aparentemente tão esmagadoras que as cadeias habituais de revisões e aprovações foram eliminadas.

Mas os desafios não tardaram a surgir. Os mais graves deveram-se às minhas 4 barbatanas de controlo colocadas à frente. As rotações rápidas das barbatanas geravam rapidamente forças e momentos de controlo aerodinâmico no ar. E, quando um pequeno motor de foguetão central se acendia, as rotações rápidas das barbatanas geravam rapidamente forças e momentos de controlo propulsivos a partir dos bicos do foguetão, embutidos em cada barbatana. Este tipo de controlo de aero-propulsão nunca tinha sido tentado antes e foi dificultado pelas pressões e temperaturas internas e externas muito elevadas que cada componente de controlo tinha de suportar.

Já foram mencionados anteriormente os muitos fracassos nos testes e a laboriosa investigação para aperfeiçoar uma forma de proteger os eixos das superfícies de controlo em aço inoxidável do calor erosivo do fluxo de ar a alta velocidade. Também foi necessário um grande esforço para aperfeiçoar materiais de alta temperatura para proteger as tubeiras de controlo da propulsão, que giravam rapidamente, do calor interno erosivo das rotações de 90 graus do fluxo de escape do foguetão. E outro desafio foi o desenvolvimento de um piloto automático extremamente reativo para dirigir com rapidez e precisão o míssil a alta velocidade - e isto apesar das forças e momentos aerodinâmicos violentamente variáveis causados pelos fortes vórtices lançados sobre o corpo traseiro do míssil e as aletas pelas 4 aletas de controlo deflectoras.

Por isso, fiquei frustrado quando me pediram para abandonar as responsabilidades do meu grupo de aerodinâmica do Nike Zeus e dirigir um novo projeto de míssil anti-míssil numa organização diferente. Porque quase todos os problemas causados pelo meu míssil Nike Zeus redesenhado estavam longe de ser resolvidos. Mas apesar de ter deixado o programa Zeus, mantive-me em estreito contacto com o seu pessoal. E fiquei muito mais reconfortado e menos preocupado à medida que notava que as "pessoas certas" pareciam estar sempre a aparecer na altura certa para resolver cada problema Zeus de forma atempada. Assim, todos os problemas com que me tinha desesperado foram finalmente ultrapassados, e a página seguinte mostra o lançamento bem sucedido de um míssil finalmente aperfeiçoado e com um desempenho adequado.

E em fevereiro de 1967, uma salva de mísseis como a da página seguinte foi lançada contra um ICBM Atlas lançado dos Estados Unidos. Um míssil falhou em pleno voo, mas o outro míssil funcionou na perfeição (juntamente com todos os outros elementos do sistema), tornando-se o primeiro míssil do mundo a intercetar com êxito um ICBM.

Pessoas visionárias dos Laboratórios Bell Telephone tinham estado a pensar num pequeno companheiro para o míssil Zeus. Aceleraria mais rapidamente até atingir aproximadamente a mesma velocidade numa curta distância para fornecer uma proteção de "último recurso" a alvos vitais, atingindo a velocidade máxima em apenas alguns segundos. Fui selecionado para chefiar uma pequena equipa para investigar a viabilidade de um "míssil Sprint". No início, não parecia possível. O facto de se atingir rapidamente uma velocidade muito elevada a uma altitude muito baixa provocava no veículo tensões, pressões e taxas de aquecimento muito superiores a qualquer outra coisa alguma vez concebida para um voo a alta velocidade. E descobrimos que momentos aerodinâmicos estupendos e incontroláveis se desenvolviam sobre mísseis Sprint cilíndricos durante a aceleração elevada a muito baixa altitude e a alta velocidade. Finalmente, tive um longo diálogo com Jack Hines, um especialista em aerodinâmica da Douglas, sobre as formas dos mísseis que minimizariam a excursão do centro de pressão do veículo durante o voo acelerado. Jack finalmente disse que uma forma de cone era a melhor. Mas Jack, que não tinha vergonha de sugerir coisas, não insistiu - possivelmente porque as formas cilíndricas tinham sido sempre satisfatórias para os mísseis desde os primórdios da foguetaria. Ocorreu-me então a ideia de que a forma de cone também poderia minimizar a excursão do centro de gravidade do míssil durante a queima do foguetão. Isto convenceu-me a tentar um míssil Sprint "todo em cone".

Depois de algumas queixas, a equipa começou a trabalhar no assunto. As coisas correram melhor do que o esperado. As carcaças cónicas dos motores de foguetão e as gaiolas de foguetão fabricadas por meio de uma peça foram encontradas com capacidade para sobreviver a uma aceleração elevada. E a embalagem muito inovadora dos componentes manteve as excursões do centro de pressão e do centro de gravidade tão pequenas que os momentos dos mísseis nunca excederam as capacidades de controlo de voo. Também descobrimos que o nariz afiado necessário podia suportar taxas de aquecimento estupendas durante voos de mísseis de curta duração. E a forma de cone distribui as altas pressões de voo e o fluxo de calor sobre o míssil da melhor maneira possível. Assim, fomos capazes de conceber um "míssil Sprint" de duas fases, companheiro do Nike-Zeus (abaixo), que satisfazia todos os requisitos do sistema de mísseis Sprint.

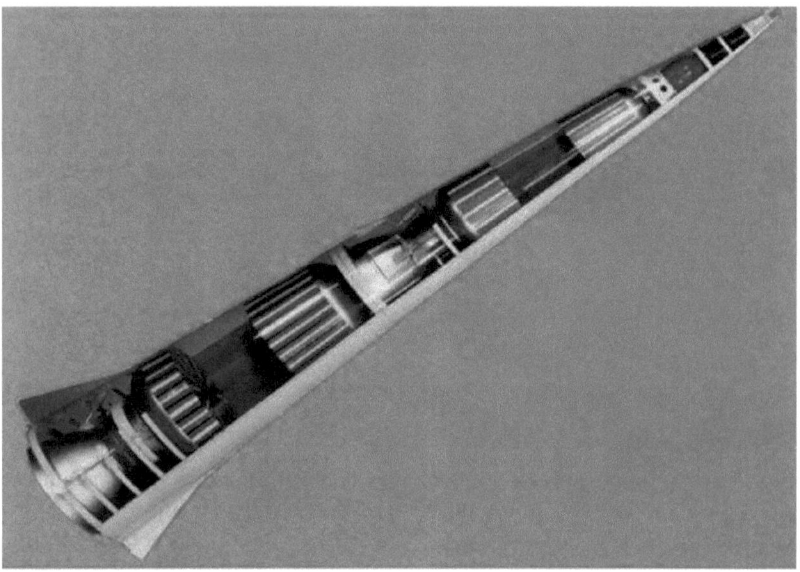

[Projeto original do míssil Douglas Sprint recomendado aos Laboratórios Bell e ao Exército dos EUA]

Inesperadamente, o Exército dos EUA abriu o concurso para a aquisição do míssil Sprint a outros proponentes, e o nosso projeto de míssil "all-cone" [2] constava do pacote de dados que todos os proponentes receberam. A equipa de proposta do Douglas Sprint era liderada por pessoas novas, de alta patente e, por vezes, com opiniões técnicas diferentes das minhas. Por isso, o novo projeto apresentado pela Douglas tinha uma fase inferior cilíndrica, o que o tornava um pouco mais vulgar do que o projeto original da Douglas com todos os cones. A Martin Marietta ganhou o Sprint. Uma das principais razões foi a integridade estrutural superior dos grãos do foguetão que o seu contratante forneceu. Meses mais tarde, ainda deprimido, fui chamado ao gabinete do nosso engenheiro-chefe. Ele tinha um desenho do premiado míssil Sprint de duas fases, totalmente cónico, da Martin. O ângulo do cone era idêntico ao do projeto da minha equipa e o comprimento total do míssil diferia apenas cerca de uma polegada. As diferenças eram: um nariz um pouco mais comprido e aletas de controlo móveis na fase superior do Martin, em comparação com as aletas de controlo móveis na nossa fase superior original; nenhuma aleta na fase inferior do Martin, em comparação com aletas muito pequenas na nossa. Quando me fui embora, o nosso engenheiro-chefe sorriu e disse: "Então, pára de estar triste, Dave! A Martin está a construir o seu projeto Sprint com todos os cones".

**Míssil Sprint desenvolvido pela Martin Marietta Company. Foi utilizado com o míssil Nike-Zeus/Spartan no sistema de defesa anti-míssil balístico Safeguard do Exército dos EUA.**

**Em 1975, o Sistema Safeguard de Mísseis Antibalísticos (ABM) começou a ser instalado perto de Grand Forks, Dakota do Norte. O sistema incluía: um Radar de Aquisição Perimetral virado para norte; um Radar de Local de Mísseis e mísseis Zeus/Spartan e Sprint. E todos os mísseis anti-mísseis estavam em silos subterrâneos, como se pode ver na página seguinte.**

O sistema de defesa contra mísseis balísticos Safegard foi o primeiro a defender os Estados Unidos e os ICBMs americanos contra ataques inimigos. Atualmente, foi substituído por sistemas de mísseis antibalísticos mais recentes. Mas a sua existência ajudou a manter a paz entre os Estados Unidos e a Rússia durante a Guerra Fria, ajudando a dissuadir ataques nucleares inimigos durante a sua existência. Também resultou no primeiro Tratado de Limitação de Armas Estratégicas, que provocou reduções drásticas nas ogivas nucleares e nos mísseis balísticos dos Estados Unidos e da União Soviética.

Embora nunca o tenha dito, sempre esperei que, pelo menos uma vez na minha carreira aeroespacial, pudesse estar presente no nascimento de um novo veículo. Por isso, estou certamente grato pela oportunidade de ter participado no desenvolvimento dos dois primeiros antimísseis do mundo. E sei que os meus colegas de equipa Zeus/Spartan/Sprint sentem o mesmo.

Nota: As informações técnicas e as fotografias dos mísseis Nike-Zeus/Safeguard e Sprint podem ser consultadas em www.wikipedia. www.google.com.images E os mísseis Zeus, Spartan e Sprint em tamanho real estão expostos no Centro Espacial e de Foguetões dos EUA, em Huntsville, Alabama, nos EUA.

## Sistemas de lançamento e de mísseis para proteção de embarcações navais

Guerra aérea e marítima prevista por alguns em 1963 - guerra que poderia ameaçar a capacidade dos grandes e pequenos combatentes da marinha de superfície para sobreviverem a futuros ataques de aviões e mísseis.

**A era do voo civil e militar estava em pleno florescimento, com recetividade a ideias arrojadas e convincentes para o melhorar. E isto incluía os sistemas de lançamento de veículos. O desenvolvimento do lançador vertical Zeus para o Exército melhorou muito a taxa de lançamento de mísseis de superfície, e eu senti que os mísseis de superfície do Comando de Sistemas Marítimos da Marinha também poderiam beneficiar desse**

lançamento vertical.

Lançamento vertical de um míssil Nike Zeus a partir de uma célula de lançamento subterrânea.

Foram-me dados recursos modestos para explorar a possibilidade de os navios de guerra terem defesa contra aviões e mísseis balísticos e uma taxa de lançamento muito elevada contra ambos. Nessa altura (1963), nenhum navio de guerra tinha sido afundado por um míssil, pelo que havia alguma apatia em relação à proteção dos navios contra os mísseis e muita resistência à nossa ideia de lançar rapidamente muitos mísseis a partir do interior dos navios.

Tal como muitos mísseis balísticos ou antimísseis americanos prontos a lançar podem ser rapidamente lançados verticalmente a partir de "silos" subterrâneos se estiverem a ser atacados por muitas ameaças inimigas, descobrimos que muitos mísseis da Marinha prontos a lançar podem ser rapidamente lançados contra muitas ameaças a partir de recipientes verticais situados abaixo do convés, que também servem como contentores de armazenamento e transporte de mísseis. Em contraste, os lançadores da Marinha existentes enviavam rapidamente os corpos, asas e aletas dos mísseis dos depósitos abaixo do convés para lançadores treináveis acima do convés, onde eram rapidamente montados em mísseis prontos para lançamento. Estes lançadores eram maravilhas mecânicas no transporte e montagem rápidos de mísseis, mas a sua transferência e montagem ainda consumiam segundos preciosos entre cada lançamento. Mas, ao longo de toda a história naval, temeu-se a ignição de engenhos explosivos sob o convés. Assim, a Marinha de Superfície proibiu durante muito tempo a ignição de engenhos explosivos (como motores de foguetões de mísseis) abaixo dos conveses principais de todos os grandes navios de combate navais.

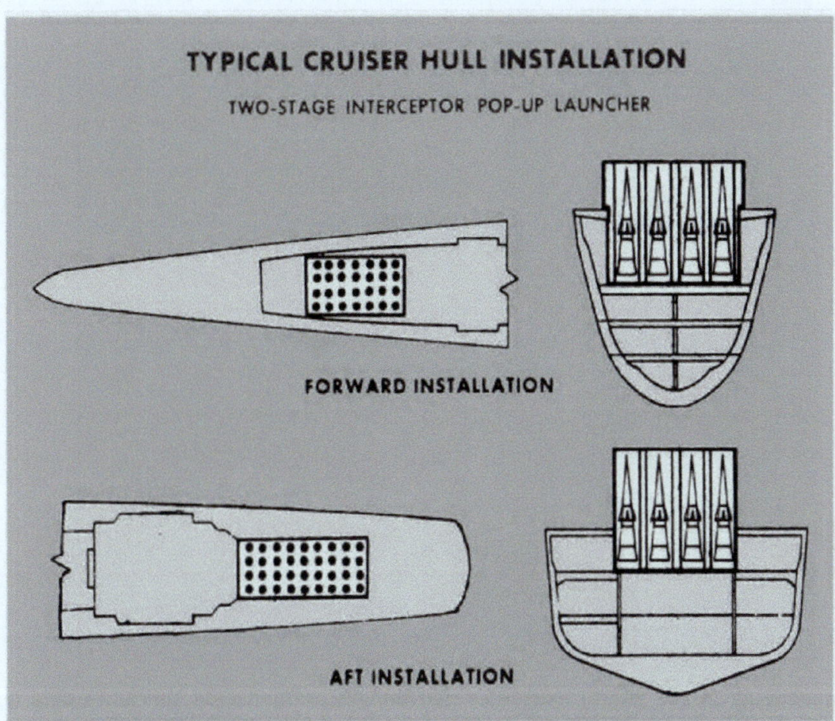


**Esta instalação acima, de [3], foi proposta em 1963. Mostra mísseis abaixo do convés que protegem qualquer navio da marinha com um radar Aegis SPY-1 contra ICBMs. Também foram propostas instalações de mísseis mais parecidas com os mísseis existentes na marinha para fazer face a aviões e mísseis de cruzeiro.**

**Assim, houve uma forte resistência inicial da Marinha ao lançamento de mísseis abaixo do convés. Foi difícil ultrapassar esta resistência. Mas muitas pessoas da marinha começaram a aceitar a necessidade de defender os navios tanto contra aviões como contra mísseis e de lançar mísseis mais rapidamente a partir dos navios. Um deles era um capitão da Marinha que participava num painel internacional sobre a proteção de pequenas embarcações navais contra ataques aéreos. Convidou-me a apresentar ao seu painel as nossas ideias para o efeito. Isto levou a uma equipa Douglas que desenvolveu o sistema apresentado na página seguinte, para proteger os pequenos navios contra ataques aéreos.**

Os pequenos navios de guerra existentes não tinham profundidade suficiente para a instalação de lançadores verticais fixos. Assim, os mísseis em canisters foram instalados num lançador treinável. Mas manteve-se a ideia de que o míssil e o seu contentor de lançamento com armazenamento para transporte eram uma "munição pronta". O nosso sistema tinha um interesse especial para a Marinha da Alemanha Ocidental, uma vez que tínhamos utilizado o seu barco de patrulha rápido (FPB) "Jaguar" de 250 toneladas como uma plataforma típica para o nosso sistema de defesa. Assim, por volta de 1985, fui convidado para ir a uma base de FPB Jaguar em Flensburg, na Alemanha, no Báltico, para aprender um pouco mais sobre as operações de FPB Jaguar.

Quando entrei na base alemã com grandes esperanças de aprender sobre as FPB, lembrei-me de que, quando era um miúdo de 15 anos, durante a Segunda Guerra Mundial, estava muito interessado nos navios de guerra alemães Bismarck e Tirpitz, devido às suas extraordinárias batalhas marítimas com a marinha britânica. Mas essas esperanças afundaram-se rapidamente quando conheci o mal-humorado, carrancudo e imperioso "Frigaten Kaptain Mueller", o comandante da base da FPB. Era evidente que se tratava de um oficial superior da marinha alemã que provavelmente tinha combatido em batalhas sangrentas contra navios da marinha inglesa na Segunda Guerra Mundial e que, possivelmente, ainda não gostava de qualquer pessoa de língua inglesa que encontrasse. Provavelmente era obrigado a dizer-me alguma coisa. Mas eu senti que ele queria que eu me fosse embora o mais depressa possível, pois não disse nada, deixando-me esforçar para formular a minha primeira pergunta.

Enquanto me debatia, olhei por acaso para uma grande fotografia de um navio de guerra na parede atrás dele e reconheci-o como o "Tirpitz", um dos dois navios de guerra alemães que eu admirava em miúdo. Sem me aperceber, contei-lhe todo o meu conhecimento e admiração por este navio. Ele pareceu-me estupefacto com o que eu sabia sobre ele. Tinha sido o seu oficial executivo até ser finalmente afundado por ondas de bombardeiros britânicos num fiorde norueguês. E a sua carranca transformou-se quase num sorriso durante uma animada discussão sobre navios de guerra ingleses e alemães. Depois levantou-se, fez uma vénia educada e convidou-me a acompanhá-lo numa operação da FPB...

Reuniu uma tripulação e partimos numa viagem alucinante sobre o Báltico durante a maior parte da tarde. Mas durante toda a corrida, quatro "blips" permaneceram no ecrã do radar da FPB. Eram MIGs da Alemanha de Leste e da Rússia que nos seguiam de cima. Apontando para os quatro "blips", o Kapitan Mueller disse calmamente: "Este é o meu problema. Espero que o vosso sistema me possa ajudar". Deixei-o - motivado para fazer isso mesmo.

Depois de partir com a determinação de dar ao Kapitan Mueller um sistema que pudesse lutar contra os formidáveis inimigos acima dele e no Mar Báltico, apercebi-me de que o seu desenvolvimento exigiria que os seus elementos-chave fossem submetidos a ensaios de manuseamento e lançamento num navio semelhante a um FPB. Por isso, imaginem a minha surpresa ao regressar a casa e descobrir que esse navio era propriedade da Douglas e do seu fundador, Donald Douglas Sr. Era um navio da Marinha, atualmente designado por "Pacific Surveyor". Era mais pequeno e não tão elegante como um FPB alemão. Mas tinha espaço para um lançador de FPB e navegava nos mares do Oceano Pacífico. Quase no mesmo instante em que se manifestou o interesse pelo Pacific Surveyor, Donald Douglas Sr. (o seu coproprietário) quis saber do meu projeto.

Ele, claro, foi o pioneiro da aviação cujo avião de maior sucesso foi provavelmente o DC-3, que muitos ainda consideram o maior avanço da história dos aviões. Fui convidado para almoçar no seu iate "Ladyfair", no porto de Long Beach, e falei-lhe do novo míssil e lançador que estávamos a desenvolver para proteger os pequenos navios de guerra contra aviões e mísseis. Sendo um aviador e um marinheiro, ele ficou entusiasmado com o desenvolvimento da tecnologia de veículos de voo e de lançamento naval com o seu "Pacific Surveyor". Já não sendo responsável pela direção diária do Douglas, o Sr. Douglas não só concordou com a nossa utilização do seu barco, como também se encarregou de elaborar as modificações do convés para instalar o nosso lançador no Pacific Surveyor.

A página seguinte mostra o lançador já instalado no convés modificado do Pacific Surveyor e os mísseis em contentores circulares a serem introduzidos no mesmo. Não é mostrado o recipiente quadrado, de menor volume, a partir do qual também foram lançados com sucesso.

Instalação de caixas de lançamento de armazenamento de mísseis no lançador do navio Douglas

As nossas caixas de mísseis eram vistas como "munições prontas" - o mesmo conceito que propusemos à marinha para o transporte-armazenamento de mísseis em navios maiores da Marinha dos EUA. Assim, o transporte-armazenamento-lançamento de mísseis a partir de contentores era vital nos ensaios no mar. O Sr. Douglas visitou alguns testes, como mostra a foto abaixo.

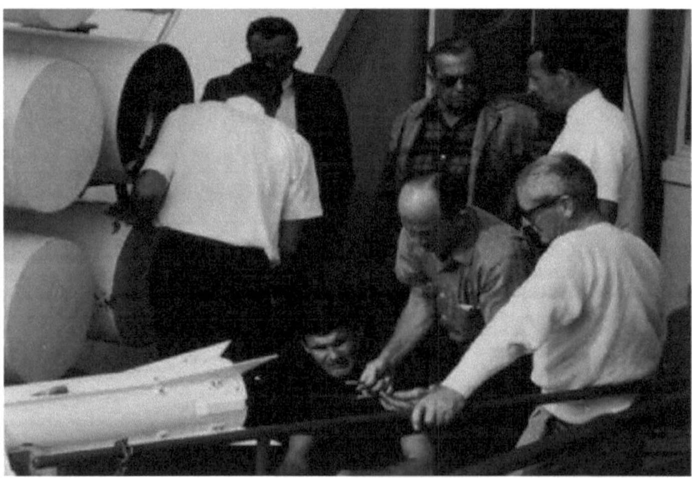

Concluímos os ensaios de manuseamento e construímos 2 mísseis de voo que seriam impulsionados por motores de foguete sólidos até à velocidade supersónica em vários segundos. As câmaras da Marinha na ilha de San Clemente, no Pacífico, seguiriam os nossos mísseis após o seu lançamento do nosso navio Douglas. O Sr. Douglas disponibilizou os seus dois navios para os nossos ensaios de disparo: o Pacific Surveyor

**para lançar os nossos mísseis e o Ladyfair para os apoiar. Dois dias antes do lançamento, o Pacific Surveyor partiu das instalações da Marinha em Seal Beach com dois mísseis activos no lançador. O Ladyfair partiu do porto de Long Beach com: O Sr. Douglas e o Sr. Conant; (um grande amigo e antigo Vice-Presidente) e uma pessoa da empresa e eu, que constituíamos a tripulação.**

**No primeiro dia, fomos vigorosamente sacudidos enquanto atravessávamos uma ligeira tempestade no Pacífico. Nessa noite, chegámos finalmente à ilha Catalina e lançámos âncora numa parte remota da ilha chamada "Cat Harbor". Comi muito pouco e acabei por adormecer, apesar do vento e do balanço do navio. Mas um grito forte fez-me acordar de repente. O mar agitado e as fortes correntes tinham feito com que a âncora começasse a arrastar durante a noite e estávamos agora a mover-nos lentamente em direção à costa rochosa. O outro tripulante e eu conseguimos, de alguma forma, levantar rapidamente a âncora, enquanto o Sr. Douglas e o Sr. Conant se apressavam a ligar o motor e a manejar o leme. Mas, assim que o motor arrancou, o casco raspou ruidosamente numa rocha ou recife invisível e o nosso leme partiu-se. E logo vimos as ondas a rebentar sobre rochas salientes e uma costa rochosa escura que se aproximava rapidamente. As coisas estavam a acontecer tão depressa que não tive tempo para entrar em pânico ou medo, embora mais tarde me tenha apercebido do perigo que o nosso barco sem leme correra ao ser arrastado para as rochas. Estranhamente, o tempo pareceu abrandar o suficiente para ouvir e rezar. Num instante, lembrei-me do relato bíblico (Mt 14, 24-32) de Jesus a caminhar no mar da Galileia, numa noite de tempestade, para discípulos assustados num pequeno barco; e de Jesus a salvar Pedro de se afundar e de o vento cessar quando Jesus subiu a bordo do navio.**

**O vento não cessou quando Jesus entrou a bordo do nosso navio - mas Ele guiou o Sr. Douglas e o Sr. Conant a fazer o que era necessário para salvar as nossas vidas. Não tínhamos leme, mas ainda tínhamos um motor com duas manetes e hélices, o que significava que tínhamos um meio rudimentar de acelerar e de nos virarmos com a direção de propulsão. O Sr. Douglas e o Sr. Conant, sendo marinheiros experientes, para além de peritos em aviação, aprenderam rapidamente a jogar com a potência do motor para cada hélice. A sua perícia - o aceleramento total do motor - fez com que o nosso barco se afastasse lentamente da costa rochosa. Depois de um período muito tenso, conseguimos finalmente regressar lentamente a uma distância segura da costa. De seguida, voltámos a lançar a âncora, certificando-nos de que, desta vez, estava bem presa. Que alívio!**

**Na manhã seguinte, a tempestade tinha enfraquecido e foi pedido um rebocador oceânico para nos rebocar de volta ao porto de Long Beach. Mas a chuva e a fraca visibilidade estavam agora previstas para o Pacific Surveyor no dia seguinte. Isso impediria que a Marinha fotografasse bem os lançamentos e vôos dos mísseis. Isto era importante para uma prova convincente do potencial naval do nosso sistema. Então, eu imediatamente "cancelei" nossos disparos de mísseis até o próximo dia de tempo bom. O Sr. Douglas não disse nada, mas pareceu gostar da decisão. A viagem de volta a Long Beach sob a força de um rebocador foi agradável. Fiquei a saber algumas coisas sobre a vida do Sr. Douglas - como quando tinha 14 anos em Washington DC e apanhou o elétrico até Fort Meade em 1908, para ver Orville e Wilbur Wright a pilotar o seu Wright Pusher.**

**Quando nos separámos em Long Beach, ao fim do dia, arrisquei com o Sr. Douglas e disse-**

lhe em tom de brincadeira: "Espero que não me vá descontar muito do meu salário por o meu projeto ter causado tantos danos à sua Layfair". Ele riu-se e disse: "O Ladyfair tem seguro, por isso não vou descontar nada do seu salário desta vez, Dave". "Além disso, da próxima vez vamos sair por prazer (não por trabalho) assim que ela estiver arranjada". Esta promessa não foi cumprida. Mas eu estava aliviado. Continuávamos a ser amigos.

O tempo estava perfeito no dia do novo lançamento. Eu tinha sido transportado para a área de controlo e observação da Marinha na ilha de San Clemente e a contagem decrescente para o lançamento do Míssil 1 estava nos seus últimos 10 minutos. O meu entusiasmo e zelo tinham afastado do pensamento qualquer sugestão de fracasso durante toda a duração do programa. Mas, nesse preciso momento, ocorreu-me um pensamento negativo. De repente, lembrei-me de uma vez me terem dito que, historicamente, o primeiro lançamento de todos os mísseis Douglas tinha sempre acabado em fracasso e incêndio; além disso, o primeiro lançamento do meu programa envolveria não só um míssil e um motor não testados, mas também um lançador não testado. E uma falha do motor ou do lançador poderia pôr em perigo a nossa pequena nave e a sua tripulação. O meu futuro parecia estar novamente em perigo, como parecia estar há uma semana atrás. Mas a sugestão foi imediatamente substituída pela garantia de que tudo ficaria bem.

O míssil 1 voou da sua célula de lançamento como uma seta, fazendo um estrondo sonoro estrondoso ao ultrapassar a velocidade do som em menos de 2 segundos e desaparecendo de vista. O míssil 2, lançado de uma célula mais estreita, também voou como uma seta, gerando outro estrondo e desaparecendo de vista. Os mísseis, os foguetes e o lançador funcionaram na perfeição e todos os elementos da minha equipa fizeram um trabalho perfeito!

Os ensaios de lançamento foram um êxito total, com temperaturas e pressões modestas no recipiente e ruído e vibração muito aceitáveis medidos durante a aceleração do míssil a partir do recipiente circular de maior volume e do recipiente quadrado de menor volume. Em todos os casos, os valores medidos concordaram bem com os valores previstos - de modo que pudemos ampliar nossos dados para prever resultados para mísseis maiores em navios maiores da Marinha dos EUA. São mostradas fotografias do lançamento de mísseis obtidas por câmaras de alta velocidade no navio e por câmaras da Marinha na ilha de San Clemente.

**Fotografias do lançamento de mísseis a partir de câmaras de alta velocidade no navio e na ilha de San Clemente**

**O Sr. Douglas parecia extasiado e pediu-me para dar uma palestra num almoço sobre os testes aos seus executivos de topo. A resistência da Marinha ao lançamento vertical de mísseis a partir do interior de navios diminuiu visivelmente quando mostrei as pressões e temperaturas muito suaves do canister registadas durante o lançamento bem sucedido dos nossos mísseis a partir de uma embarcação naval. Em breve recebemos a notícia de que a Marinha dos EUA estava a iniciar um projeto preliminar de lançador vertical de latas, semelhante ao nosso lançador vertical ventilado Nike Zeus. Fomos também informados de que o seu projeto incluía o nosso conceito de recipiente de mísseis (em que o recipiente de mísseis serve como sistema de transporte, armazenamento, verificação e lançamento). O Ministro alemão da Investigação e Desenvolvimento também ficou satisfeito com o facto de a minha viagem no Jaguar FPB alemão ter resultado nos nossos ensaios de manuseamento e disparo de mísseis, nos quais o próprio Donald Douglas tinha participado. Em poucas semanas, o Ministério da Defesa da Alemanha Ocidental adjudicou à Douglas um grande contrato para efetuar um estudo detalhado de um sistema de defesa de pequenos navios para a sua Marinha.**

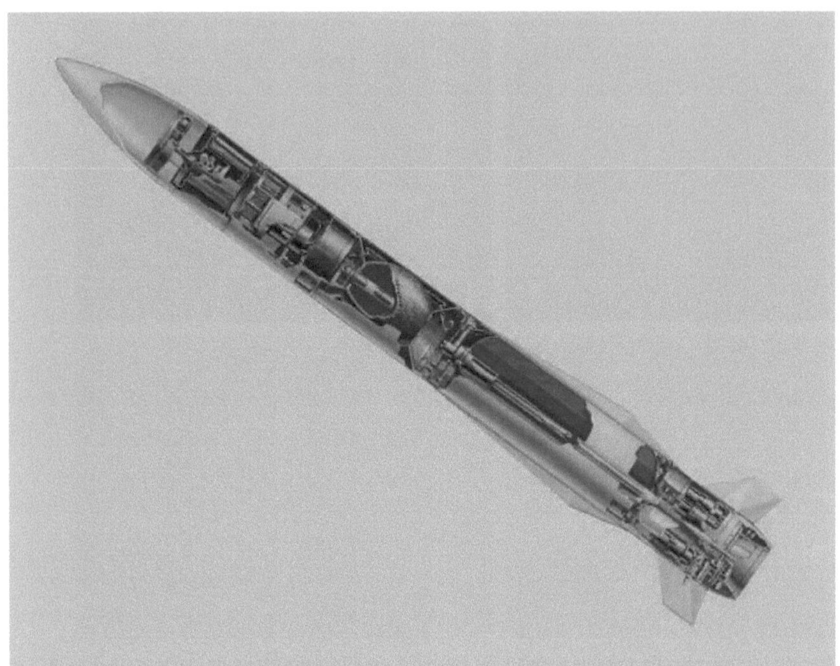

**Subsistemas de busca, orientação, ogiva, propulsão e controlo de voo do elemento de míssil do sistema de defesa concebido pela Douglas Aircraft para proteger os navios da marinha da Alemanha Ocidental.**

A missão do nosso sistema de proteção de pequenos navios não exigiu qualquer avanço na velocidade ou aceleração do veículo, ou no estado da arte da propulsão, estruturas e sistemas de controlo. Mas exigia avanços significativos na capacidade de propagação de ondas electromagnéticas (EM) dos radares dos navios (para iluminar adequadamente os atacantes com radiação EM). Também foram necessários avanços na emissão de energia de ondas electromagnéticas que iluminam o alvo a partir do navio. Esta energia é reflectida pelo alvo e "orientada" por um recetor de radar avançado e pelo sistema de orientação do nosso míssil. O contratante do radar do navio (HSA) e o contratante do radar do míssil (Motorola) afirmaram que o seu trabalho no nosso Estudo lhes deu a oportunidade de fazer avançar o estado da arte do sistema de radar. A sua investigação também aumentou os meus conhecimentos sobre a geração, modulação e deteção de energia EM - conhecimentos utilizados mais tarde no estudo de naves espaciais, impulsionadas por campos EM.

O nosso estudo de definição do sistema para a marinha alemã deu-me uma desculpa para mais contactos com o Sr. Douglas durante as ocasiões em que ele visitou o seu escritório em Santa Monica e pediu-me que o informasse sobre o progresso do nosso estudo alemão. A marinha alemã ficou muito entusiasmada com o nosso sistema definido e fez um lobby muito intenso para obter fundos para o desenvolver. Infelizmente, o Ministério da Defesa alemão não conseguiu obter esses fundos. Assim, a Marinha alemã e a Douglas não tiveram oportunidade de desenvolver o nosso sistema. Nessa altura, as avaliações da Marinha dos EUA confirmaram as nossas afirmações de que os actuais sistemas de lançamento treináveis acima do convés não conseguiam lançar mísseis com rapidez suficiente contra ataques aéreos pesados. E a indústria foi convidada a desenvolver um Sistema de Lançamento Vertical EX-41 para navios da Marinha dos EUA.

Nessa altura, a Douglas e a McDonnell Aircraft tinham-se fundido numa única empresa. Donald Douglas tinha-se reformado e a empresa resultante da fusão optou por não concorrer para o lançador vertical EX-41. Abaixo são mostrados dois mísseis lançados a partir dele.

Lançamento quase simultâneo de mísseis a partir de sistemas de lançamento vertical EX-41 à frente e à retaguarda

Em março de 1983, pouco antes do fim dos anos de glória dos voos aéreos e espaciais, o Presidente dos EUA, Ronald Reagan, anunciou a sua Iniciativa de Defesa Estratégica (SDI) para desenvolver novas tecnologias de interceção de mísseis nucleares inimigos. A Marinha tinha agora um potencial significativo contra essas ameaças com o seu radar Aegis/SPY-1 e o seu novo sistema de lançamento vertical EX-41. Assim, um sistema SDI "Starwars" selecionado utilizou estes elementos e um novo anti-míssil. O desenvolvimento do sistema Aegis BMD da Marinha continua até aos dias de hoje, utilizando o radar AN/SPY-1 e também o sistema de lançamento vertical EX-41 (VLS) e mísseis SM3 de 2 fases com "kill-vehicles" que podem destruir ogivas inimigas através de energia de alto impacto. A [Wikipedia] descreve os testes do Aegis BMD e diz que até 80 sistemas de defesa podem ser instalados em navios.

Míssil SM3 lançado de um recipiente numa célula de lançamento EX-41 dentro de um navio Aegis BMD. Este sistema é um pouco semelhante ao proposto à Marinha dos EUA pela Douglas Aircraft [3] há cerca de 50 anos. Este sistema também utilizava um radar SPY1, mísseis em contentores e células de lançamento verticais à frente e atrás.

De certa forma, não tenho nada para mostrar por todos estes anos passados a trabalhar na defesa naval. Não resultou em nenhum sistema Douglas que protegesse qualquer navio da marinha alemã ou americana; nem resultou numa fusão da McDonnell Douglas Company que fabricasse um lançador vertical para qualquer marinha. Mas, mesmo assim, foi gratificante fazer um trabalho pioneiro que pode ter ajudado a dar o impulso necessário para o desenvolvimento dos sistemas de lançamento que todas as principais marinhas utilizam atualmente. Também foi gratificante ter a oportunidade de plantar as primeiras sugestões de que os navios de guerra poderiam fornecer proteção BMD para si próprios e para os outros. Em todo o caso, também proporcionou às pessoas um trabalho estimulante e de avanço tecnológico. E até ajudou um pouco o meu desenvolvimento pessoal. Viajar para o estrangeiro durante 3 anos obrigou-me a aprender a relacionar-me melhor com outras pessoas e outras culturas - e isso, de alguma forma, desenvolveu em mim uma maior empatia pelos outros - não apenas por aqueles que já conhecia e de quem gostava. Por isso, estou muito grato pela minha aventura naval. Enriqueceu e aprofundou certamente a minha experiência humana.

## Respiração de ar e energia e propulsão de fusão nuclear

**As minhas alhetas de controlo Zeus em forma de ponta de seta, que canalizavam ar quente escaldante para cada eixo da alheta de controlo, tinham revelado a minha ignorância lamentável sobre a propulsão supersónica de combustão ramjet-scramjet). Por isso, resolvi remediar esta situação o mais rapidamente possível. Esta resolução foi ajudada por uma oportunidade de comparar mísseis propulsionados por foguetes de propulsão sólida com aqueles propulsionados por propulsão ramjet-scramjet. Esta comparação permitiu-me trabalhar com a vizinha Marquardt Company - um dos poucos fabricantes de motores ramjet nos EUA. E isto levou-me a conhecer e a trabalhar com o pessoal do ramjet-scramjet na McDonnell Aircraft, depois de esta ter adquirido a Douglas Aircraft. Isto levou-nos a trabalhar num programa da Agência de Projectos de Investigação Avançada da Defesa (DARPA) e da Força Aérea chamado "National Aerospace Plane" (NASP). O objetivo era reduzir drasticamente o custo das viagens entre a Terra e o espaço através de um veículo reutilizável semelhante a um avião, impulsionado por motores ramjet-scramjet e motores de foguetão. Várias empresas aeroespaciais estavam a concorrer para o desenvolvimento do NASP, incluindo a McDonnell Aircraft Division da McDonnell Douglas. Fui convidado a juntar-me à equipa NASP da McDonnell devido ao meu trabalho anterior com o pessoal dos veículos e da propulsão nesta equipa.**

**O veículo NASP selecionado reflectia a conceção NASP da McDonnell Douglas.**

**A NASP era um programa excitante e desafiante. Mas o peso e o volume excessivos do seu combustível criogénico de hidrogénio líquido impediam o veículo NASP de atingir as dimensões mais reduzidas e o peso mais leve necessários para o tornar atrativo.**

**Assim, um pouco por minha conta, comecei a procurar formas de reduzir o propulsor NASP. . Frank Mead, um cientista visionário que então dirigia grande parte da investigação**

em propulsão avançada da Força Aérea, estava a procurar possibilidades de um aquecimento muito mais intenso do propulsor de hidrogénio do que pela forma habitual de o misturar e queimar em oxigénio ou no ar. Uma possibilidade era o aquecimento intenso do hidrogénio através da energia libertada pela fusão nuclear "limpa" de núcleos de hidrogénio e boro 11. Outra era a libertação de energia da aniquilação mútua de quantidades muito pequenas de matéria e anti-matéria (protões e anti-protões). Também recebi ajuda em matéria de anti-matéria de David Morgan e Steve Howe dos Laboratórios Nacionais Lawrence Livermore e Los Alamos; e ajuda em propulsão por fusão de George Miley da Universidade de Illinois e Robert Bussard da EMC2 Company.

Bob Williams, o diretor do programa NASP, interessou-se pelo meu trabalho sobre fusão nuclear e aniquilação de matéria/anti-matéria no NASP. Numa reunião em Washington DC, convidou outro visitante, o astronauta da Apollo John Young, que foi o primeiro a pilotar o vaivém espacial, para ouvir as minhas informações. Ambos me encorajaram a continuar com este "trabalho mais longínquo da NASP". Também tive conversas semelhantes com Pete Conrad, outro astronauta da Apollo e então vice-presidente da nossa Divisão de Aeronaves Comerciais. Infelizmente, Pete morreu anos mais tarde num acidente.

Por esta altura, os "Anos de Halcyon" estavam quase a terminar. Bob Williams foi substituído por uma gestão menos ousada da NASP e, mais tarde, a NASP foi finalmente terminada quando os seus objectivos de desempenho técnico foram considerados inatingíveis. Mas o meu trabalho em veículos do tipo NASP, movidos a propulsão avançada, continuou na McDonnell Douglas até me reformar. E a minha empresa, a Flight Unlimited, continuou este trabalho.

Tanto a fusão nuclear como as reacções de aniquilação matéria-antimatéria foram consideradas capazes de aquecer o combustível hidrogénio a temperaturas e velocidades de escape do motor tão elevadas que a massa de combustível hidrogénio líquido necessária para a NASP poderia ser reduzida por factores de 4 a 5. E a análise dos custos dos veículos mostrou que veículos mais leves do tipo NASP propulsionados por aniquilação matéria/anti-matéria poderiam atingir custos de ciclo de vida tão baixos como apenas um vigésimo dos custos do Sistema de Transporte Espacial do Vaivém Espacial [4]. Mas o trabalho com a antimatéria foi finalmente interrompido devido à incerteza quanto à massa de proteção necessária para absorver os intensos raios gama emitidos pela aniquilação total da matéria e também à incerteza quanto ao elevado custo de fabrico da antimatéria. O nosso trabalho centrou-se finalmente na fusão limpa de iões de hidrogénio e boro 11 (fusão pB11) - com a energia da sua fusão a aquecer o fluxo de ar num foguetão nuclear ou num motor ramjet-scramjet. Infelizmente, a fusão p-B11 exigia muito mais energia de entrada e temperaturas de fusão mais elevadas do que outras reacções de fusão. Mas outras reacções de fusão emitiram neutrões de alta energia que causaram muita radioatividade. Em contraste, a fusão p-B11 emitiu apenas alguns neutrões de baixa energia que causaram muito pouca radioatividade. Assim, todos os nossos veículos NASP finais incluíam motores ramjet-scramjet de alta velocidade e motores de foguetão que aqueciam o hidrogénio por fusão nuclear. Abaixo é apresentado um veículo deste tipo - uma colaboração entre a minha empresa e estudantes do sector aeroespacial da Universidade de Saint Louis [5]. O veículo utilizou um sistema de "Confinamento

Electroestático Inercial" (IEC) concebido em 1967 por R.L. Hirsch, e depois consideravelmente avançado por R.W. Bussard ao longo de muitos anos [6].

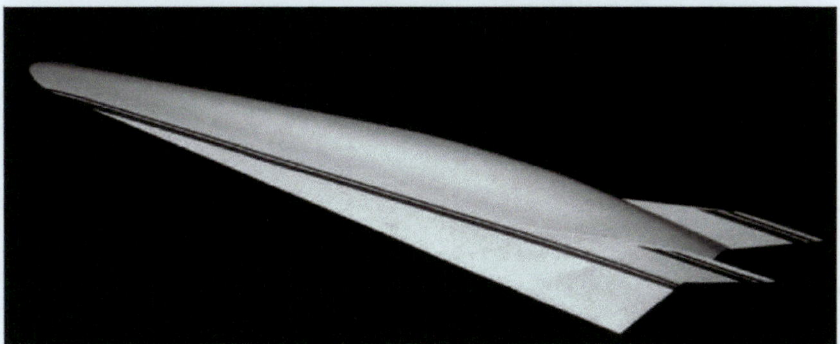

Descobrimos que a ignição dos sistemas de energia de fusão antes da descolagem exigia grandes quantidades de energia eléctrica em terra, o que aumentava significativamente os custos das operações em terra. Mas os aviões espaciais que respiram ar não precisavam de propulsão por foguetões de fusão até atingirem alta velocidade e altitude. Assim, um sistema de energia a bordo para fornecer energia eléctrica suficiente para acender um reator de fusão a grande altitude e velocidade foi considerado muito desejável. A este respeito, a empresa russa Leninetz demonstrou a possibilidade de interações MHD (magneto-hidrodinâmicas) que permitem obter energia eléctrica significativa do fluxo de ar hipersónico que passa pelos motores a jato através de uma interação MHD. E a energia eléctrica extraída poderia ser reinserida no fluxo de ar da tubeira para aumentar o impulso do jato. A afirmação de Leninetz sobre o aumento do impulso dos motores a jato não foi confirmada. Mas os grupos de Princeton e de outros locais confirmaram a possibilidade de uma extração MHD (magneto-hidrodinâmica) eficiente de energia eléctrica do fluxo de ar do motor acima da velocidade Mach 7. Assim, foi concebido um sistema de energia MHD para extrair eletricidade do fluxo de ar dos jactos de scram e depois condicioná-la em energia eléctrica para acender um reator de fusão.

Abaixo está um conceito de jato de scramjet MHD do Professor Paul Czysz da Universidade de Saint Louis. Vemos eléctrodos e ímanes dentro das paredes do motor scramjet.

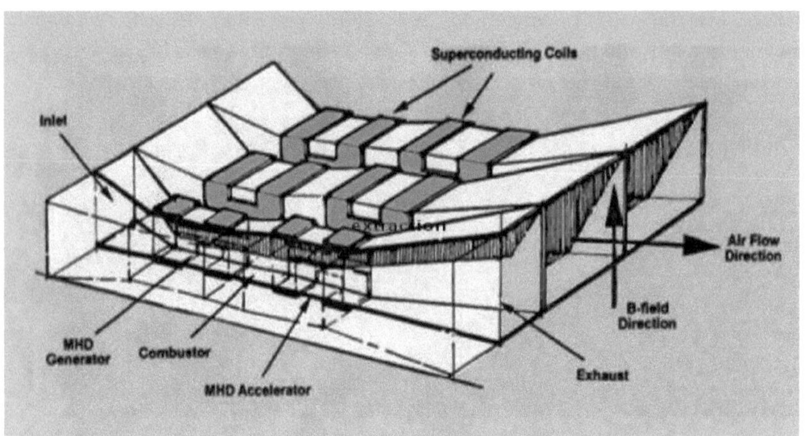


No nosso sistema, a extração de energia do fluxo de ar do motor scramjet começou por volta de Mach 10, quando a energia eléctrica extraída era de cerca de 10 MW e a perda de entalpia era apenas de cerca de 10%. A queima normal de hidrogénio nos combustores do jato de scram continuou. Após a ignição do sistema de fusão, a sua energia era depositada nos gases de escape do motor de respiração aérea por feixes de electrões. E o aquecimento óhmico do fluxo de escape do motor gerou o impulso do motor com um consumo insignificante de massa.

Veículos do tipo NASP, alimentados e propulsionados por motores de foguetões de fusão e de respiração de ar MHD, foram estudados pela minha empresa e pela Universidade de Illinois [7] para o Laboratório de Investigação da Força Aérea (AFRL) em 2002-2004. Abaixo, é mostrado o sistema de energia de fusão Dense Plasma Focus (DPF) utilizado no estudo.

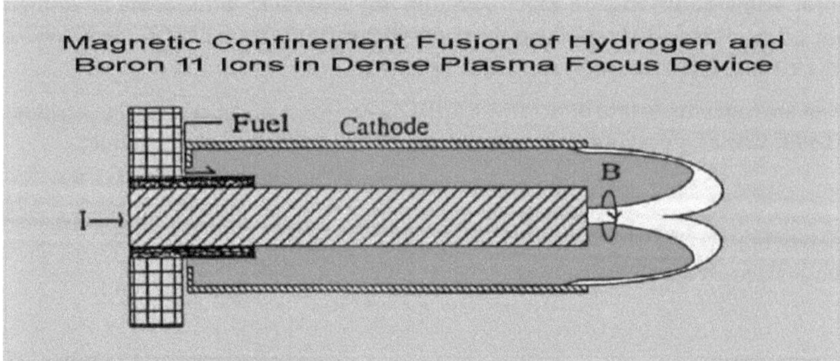


O sistema de condensadores de um rotor de fusão Dense Plasma Focus gera descargas de corrente intensa para transformar o combustível nuclear gasoso num plasma p-B11 dentro de eléctrodos concêntricos. O plasma acelera-se ao longo do cátodo; gira 180 graus; e é então poderosamente comprimido por campos magnéticos induzidos muito fortes de centenas de Teslas até ocorrer a fusão nuclear p-B11. Abaixo é apresentado o veículo de respiração aérea no qual este sistema de fusão foi integrado.

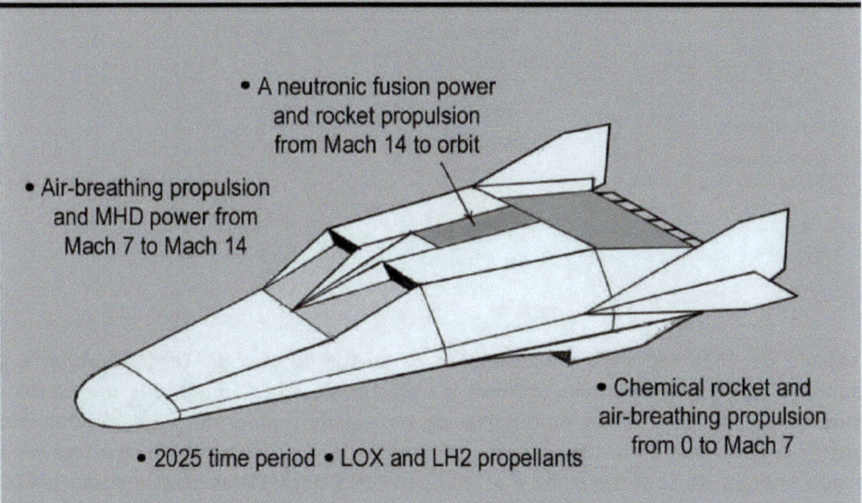


**Este veículo incorpora sistemas avançados de energia (MHD e fusão); motores ramjet e scramjet; motores de foguetão (químicos e de fusão); trajetória de fluxo partilhada por um motor combinado de foguetão e jato e trajetória de fluxo partilhada por motores scramjet e de fusão. Consumia apenas 1/5 do combustível que um veículo normal a jato de scram/ foguetão consumiria e o seu custo estimado durante o ciclo de vida era um vigésimo do custo do vaivém espacial. As grandes reduções de custos resultaram de grandes reduções no combustível do veículo e da utilização de estruturas de grande leveza formadas por titânio e carboneto de silício rapidamente solidificados - para reduzir o peso da fuselagem, asas e cauda em cerca de 30%. O peso, a altura, o comprimento e a envergadura dos veículos de 2025 eram inferiores aos dos actuais aviões B-1, B-2 e C-17. Assim, as bases aéreas B-1, B-2 ou C-17 poderiam ser utilizadas por estes veículos se pudessem fornecer armazenamento de hidrogénio líquido e abastecimento de combustível para uma frota de veículos.**

**Segue-se um resumo dos pesos dos veículos, tipos de motores e gamas de velocidade.**

| Vehicle Weight At | Engine Type | Speed Range |
|---|---|---|
| Takeoff...... 174 t | | |
| Propellant ....... 74 t<br>Air Flight 47 t<br>Space Flight 27 t | Air-Augmented Rocket for thrust and TVC | Mach 0 -26 |
| Empty ........... 100 t<br>Payload ............ 18 t<br>Structure .......... 28 t<br>Propulsion ........ 42 t<br>Rockets 21 t<br>Scramjets 21 t | Supersonic Combustion Ramjet | Mach 7-14 |
| Systems ............ 12 t<br>Dry Mass ........... 82 t | Nuclear Fusion Rocket | Mach 7-26 |

O veículo de 2025 reduziria drasticamente os custos de voo da Terra à órbita. E a redundância dos seus múltiplos motores e trajectos de fluxo aumentaria um pouco a segurança de voo. E as gamas mais baixas de velocidade-temperatura-pressão dos seus motores deverão aumentar um pouco a sua fiabilidade. Mas uma grande incerteza era a elevada energia de confinamento e as temperaturas necessárias para a fusão p-B11. Infelizmente, não tivemos tempo nem recursos para explorar os problemas fundamentais da física de fusão associados à energia de confinamento muito elevada necessária para a fusão p-B11.

A este respeito, muitos físicos de fusão assumem que há pouco a aprender sobre campos eléctricos ou magnéticos para além dos campos electromagnéticos (EM) que foram formulados por Clerk Maxwell há mais de um século. Mas, usando a moderna teoria e topologia de grupos, Barrett [8] formou campos electromagnéticos mais complexos através do condicionamento especial de campos electromagnéticos de Maxwell comuns. Além disso, ele mostrou que campos EM comuns de simetria de Lie U1 inferior podem ser transformados em campos EM mais complexos de simetria de Lie SU2 superior de várias maneiras. Os campos electromagnéticos SU2 de Barrett são descritos por uma matemática tensorial mais complexa. E as interações EM que envolvem estes campos SU2 mais complexos contêm campos tensoriais "A" adicionados que se combinam com campos tensoriais eléctricos "E" e campos tensoriais magnéticos "B" de várias formas.

Barrett mostra também formas de transformar a energia do campo EM U(1) normal em energia do campo EM SU(2). Uma delas é a modulação da polarização da energia de ondas EM com modulação de fase que se propagam em guias de onda ou cavidades ópticas. Esta modulação de polarização é descrita em [9] e é resumida numa figura na página seguinte.

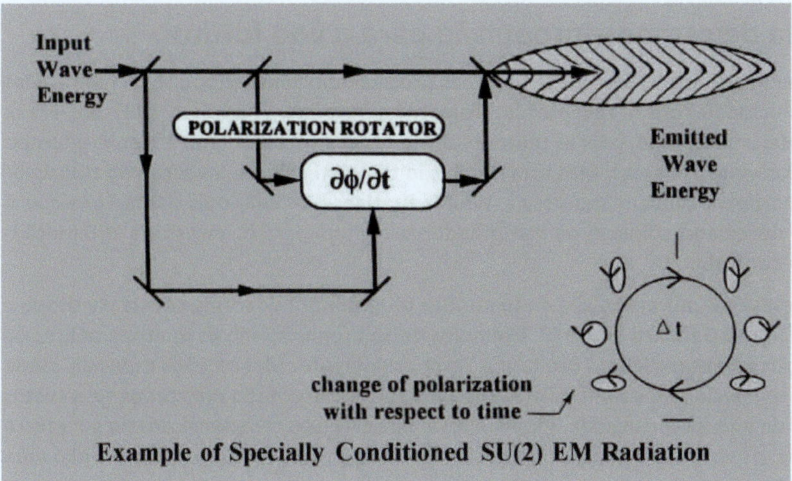


**A utilização de feixes de radiação SU(2) para confinar plasmas em reactores de fusão como o reator "Inertial Electrostatic Confinement" (IEC) (abaixo) foi estudada em [10]. As fusões ocorrem quando os feixes de iões de fusão colidem. Por isso, ficámos animados com o facto de [10] indicar que a irradiação da região de fusão do IEC com feixes adicionais de radiação SU(2) ou SU(3) confinadora de iões poderia aumentar consideravelmente o número de fusões.**

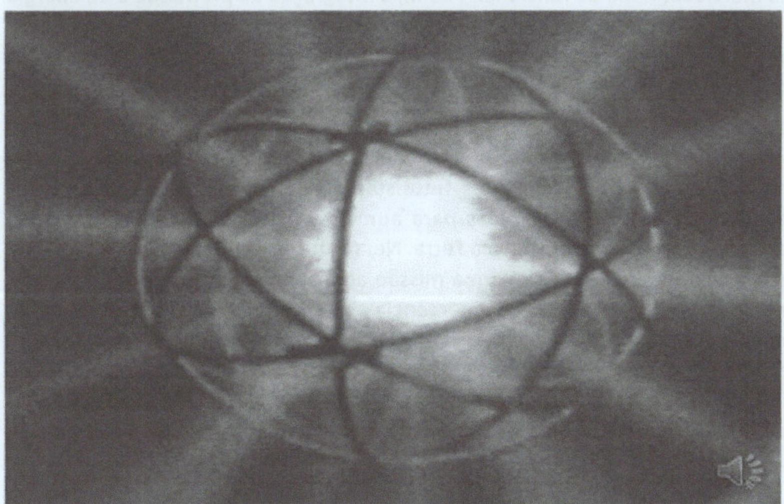

**Milhares de fusões/seg. a ocorrer no centro de um reator IEC na Universidade de Illinois**

## Potência de campo e propulsão para o voo futuro

Desde o seu início em 1903, as viagens aéreas progrediram com a propulsão a hélice. Mas só se revolucionou com o advento da propulsão a jato, inventada em 1937 por Frank Whittle e Hans von Ohain, pois os motores a jato reduziram consideravelmente o tempo e o custo das viagens aéreas. Mas esta revolução também exigiu a invenção do transístor por John Bardeen, William Shockley e Walter Bratian em 1948, pois assim começou a eletrónica de estado sólido e os computadores digitais para a necessária orientação-navegação-controlo.

E os voos espaciais por propulsão de foguetões progrediram de forma constante desde a sua invenção por Goddard em 1928. Exemplos deste progresso são os muitos satélites de comunicação e navegação que orbitam a Terra atualmente. Mas os voos espaciais ainda não foram revolucionados como o foram os voos aéreos. A redução radical dos seus custos e riscos ainda não foi conseguida. Assim, apesar dos esforços conscienciosos do governo e da indústria, os voos espaciais tripulados são um encargo para os contribuintes e não uma oportunidade comercial.

O nosso estudo da Força Aérea, descrito na última secção, reduziu significativamente o custo de voo do veículo ao reduzir significativamente o seu consumo de propelente através da utilização de propulsão por fusão. E esforçámo-nos por aumentar a sua segurança e fiabilidade, fazendo com que a maioria dos sistemas pudesse fazer "backup" dos que falhassem; e reduzindo as gamas de velocidade, pressão e temperatura em que cada sistema individual tinha de funcionar. Assim, a integração da propulsão e da energia no veículo de 2025 proporcionou uma redução significativa dos custos de voo e um aumento modesto da segurança de voo - em comparação com os sistemas de foguetões que operam em gamas de velocidade, pressão e temperatura muito amplas.

A Parte 2 deste estudo de veículos da Força Aérea utilizou o Veículo 2025 definido na Parte 1 como ponto de partida para explorar um "Veículo 2050" muito avançado que (a) realizava missões espaciais militares mais futuristas do que o veículo de 2025; e (b) incorporava novos sistemas e tecnologias para aumentar o custo e o risco da missão aeroespacial da Força Aérea que orbitava a Terra. Nessa altura, a NASA estava interessada em "regressar à Lua para ficar". Assim, uma missão adicional da Força Aérea do Veículo 2050 era a entrega rápida de serviços de emergência ou salvamento da Terra a pessoas na Lua. Esta missão exigia a descolagem do veículo e pesos e volumes de carga útil semelhantes aos do Veículo 2025. Mas era necessário mais do dobro da sua velocidade impulsiva de 11 km/s. Para tal, era necessário que grande parte desta velocidade superior fosse obtida pelas acções e reacções dos campos e não apenas pela combustão e expulsão da matéria.

O veículo de 2050, na página seguinte, tinha alguns sistemas semelhantes aos sistemas do veículo de 2025 (foguetões aumentados pelo ar; motores scramjet; MHD e energia de fusão). Mas as avaliações científicas e tecnológicas de sistemas ainda mais avançados também foram efectuadas por Eric Davis, da EarthTech International. Eric examinou questões de certos sistemas avançados que se acreditava serem possíveis para as missões da Força Aérea em 2050. Este trabalho contribuiu para a seleção de certos sistemas novos para o veículo de 2050. Estes sistemas eram: antenas para emissão de energia de campos electromagnéticos especiais; sistema de extração de energia de ponto zero para propulsão de campos de redução da inércia ou de produção de impulso; e estruturas reforçadas com nanotubos de carbono de elevada relação resistência/peso.

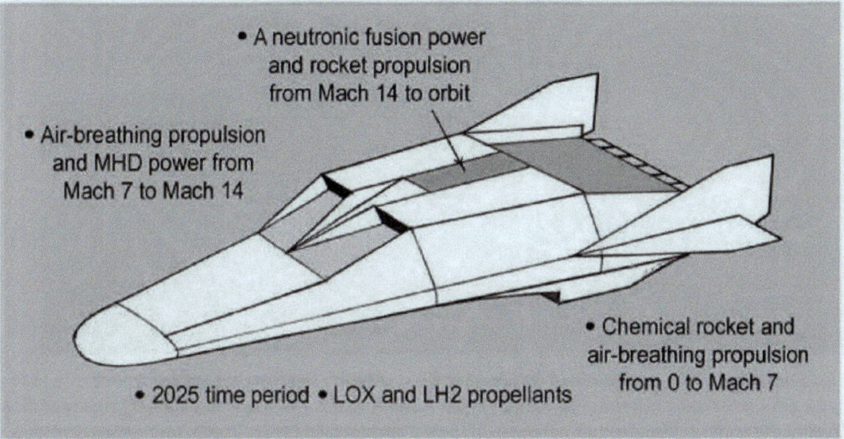


**Veículo 2050: para futuras missões aeroespaciais da Força Aérea num período posterior a 2025. Foram igualmente estudadas algumas cargas úteis militares muito avançadas consideradas possíveis neste período posterior.**

**O desenvolvimento de uma velocidade impulsiva 60 por cento superior à dos motores de foguetão e de jato do veículo de 2025, com uma carga útil e uma massa de descolagem semelhantes, exigia tanto a propulsão a jato como uma interação favorável entre os campos electromagnéticos emitidos pelo veículo e os campos ambientais do meio que atravessava. Um desses meios é o "vácuo quântico eletromagnético de ponto zero" que permeia a estupenda vastidão do espaço cósmico. E aqui, Haisch, Rueda e Puthoff [10] sugeriram que a aceleração de um corpo através do vácuo quântico eletromagnético de ponto zero dá origem, pelo menos em parte, à sua "inércia" - força que se opõe instantaneamente à aceleração ou desaceleração de um corpo para uma velocidade maior ou menor. Alargando esta ideia, nós (Froning e Roach [11]) explorámos a possibilidade de descargas electromagnéticas (EM) perturbadoras do vácuo provenientes de um veículo em aceleração reduzirem a resistência do vácuo quântico a essas descargas. Uma aproximação preliminar deste facto através de técnicas de dinâmica de fluidos computacional (CFD) é apresentada na página seguinte. É mostrado o gradiente favorável de pressão de radiação formado em torno de uma nave que se move muito mais lentamente do que a luz e que emite um feixe EM perturbador do vácuo.**

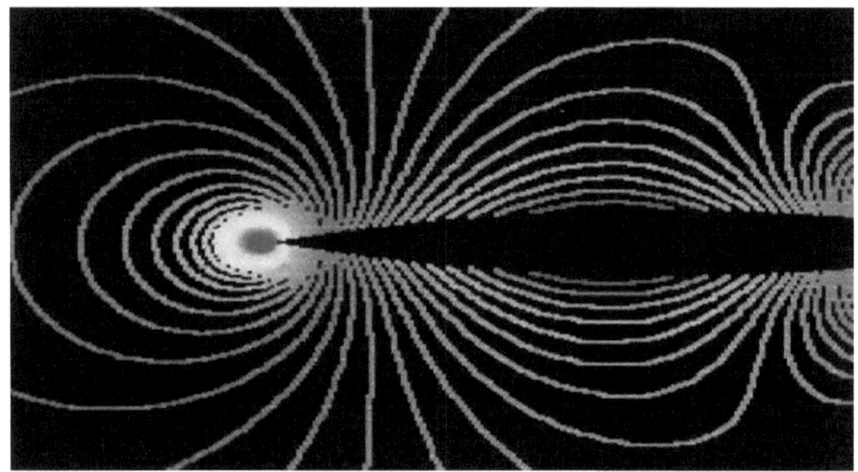

Descarga electromagnética que diminui as pressões de resistência exercidas sobre uma nave que está a acelerar a uma velocidade inferior à da luz (V= 0,3c). A redução deve-se ao facto de a descarga modificar favoravelmente o vácuo (reduzindo a permissividade e a permeabilidade do vácuo nas regiões dianteira e traseira) em torno da nave.

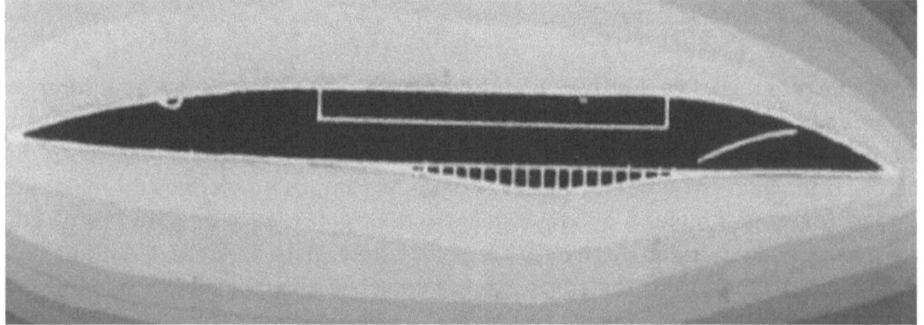

As naves com propulsão de campo devem sofrer menos pressão e aquecimento do ar em atmosferas planetárias. Mas esta figura indica a possibilidade de as descargas electromagnéticas geradas pelas naves excitarem os átomos e as moléculas do ar circundante - causando um aspeto semelhante ao da aurora boreal.

A propulsão por inércia ou por campos de redução da gravidade é normalmente associada à "Guerra das Estrelas" - como os "warp-drives" utilizados em naves mais rápidas do que a luz. Mas pode ser necessária muito antes do voo estelar para reduzir o calor, a pressão e o desgaste por fricção dos componentes do veículo, como rolamentos, revestimentos do veículo, câmaras de combustão e pás da turbina. Estes ambientes adversos exigiram enormes quantidades de manutenção nos componentes do vaivém espacial, o que impediu a sua utilização frequente e económica. Em contrapartida, os aviões de passageiros sofrem muito menos desgaste ambiental, a sua manutenção tem custos muito mais modestos, podem efetuar muito mais voos e voar durante muito mais tempo. As aeronaves sofrem muito menos desgaste por calor, pressão e fricção nas estruturas, motores e componentes. Assim, a propulsão de campo foi selecionada para o veículo 2050, não só pelo desempenho de voo necessário para os trânsitos entre a Terra e a Lua, mas também para reduzir os custos de voo e aumentar a segurança, reduzindo o calor, as pressões e as tensões que a sua estrutura, propulsão e sistemas de energia têm de suportar repetidamente.

A incorporação de potência e propulsão de campo no veículo de 2050, mantendo a sua carga útil e massa de descolagem iguais às do veículo de 2025, exigiu uma redução significativa do propulsor do veículo e uma redução significativa do seu peso estrutural. A este respeito, a figura abaixo, do Laboratório de Investigação do Exército dos EUA, indica que as estruturas de nanotubos (que têm uma relação resistência à tração/peso 100 a 300 vezes superior à dos aços com elevado teor de carbono mais fortes) possuem também uma resistência à flambagem muito elevada. Este facto encorajou-nos a procurar materiais aeroespaciais muito finos, leves e fortes que pudessem ser reforçados por uma matriz ultra-resistente e ultra-leve de nanotubos de carbono. Segundo os cálculos efectuados, essas estruturas poderiam duplicar a resistência e reduzir para metade o peso estrutural da estrutura de um veículo para 2050.

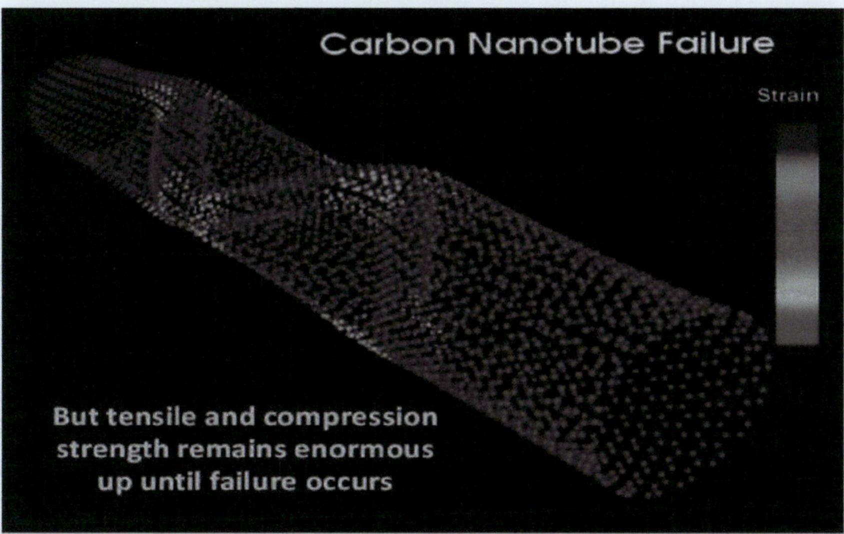


Após a conclusão do estudo da Força Aérea, utilizámos as tecnologias do Veículo 2050 num veículo para turismo espacial sub-orbital ou para voos aéreos hipersónicos de duas horas entre as principais cidades da Terra. Abaixo são mostrados: pesos dos veículos; sistemas de propulsão e as suas gamas de funcionamento; e passageiros que poderiam ser transportados de forma rentável para o espaço.

Por fim, a análise de custos em [13] indicou que uma variante de turismo espacial do veículo 2050 (uma frota de cinco veículos de turismo espacial a jato e com propulsão de campo) poderia transportar, de forma rentável, 440 000 pessoas de e para o espaço em 2 000 voos em 11 anos. O quadro seguinte resume as caraterísticas de uma variante de turismo.

| Vehicle Weight | Engine Type | Speed Range |
|---|---|---|
| At Takeoff...... 174 t<br>Propellant ......32 t<br>Air Flight 15 t<br>Space Flight 13t | Air-Augmented<br>Rocket for<br>thrust and TVC | Mach0 -26 |
| Empty ............ 146 t<br>Payload .............53 t<br>Structure ......... 14t<br>Propulsion ........63 t | Supersonic<br>Combustion<br>Ramjet | Mach 7-14 |
| Rockets 21t<br>Scramjets 21t<br>Field Propul. 21t<br>Systems ......... 12 t | Field<br>Propulsion<br>Module | Mach0-26 |
| Dry Mass ..........89 | 440,000 people flown in 11 years | |

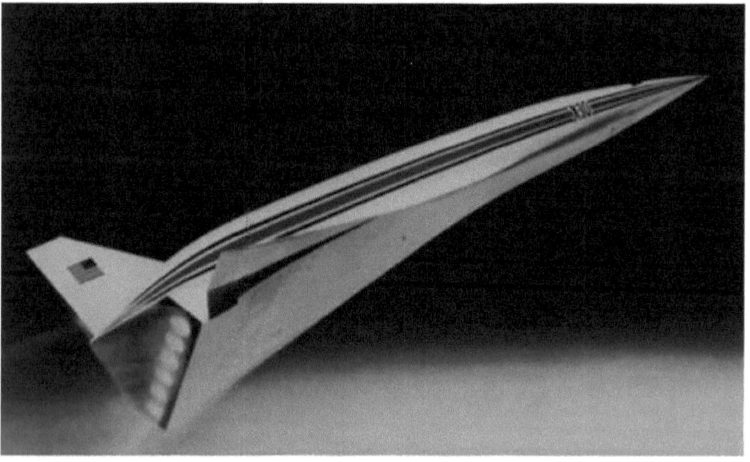

Turismo espacial ou avião hipersónico derivado do campo + veículo de propulsão a jato 2050 - para dar milhares de carreiras e experiência de voo espacial a milhares de pessoas na Terra.

## Voos espaciais relativistas para viajar para estrelas distantes

Vi com interesse como os EUA e a Rússia começaram a competir entre si para serem os primeiros a fazer coisas no espaço e a colocar homens na Lua. Mas não estava tão entusiasmado como muitos outros com os voos espaciais. Partia do princípio de que todo o nosso sistema solar acabaria por ser explorado por foguetões e que se encontrariam coisas interessantes nos seus corpos. Mas o nosso sistema solar era infinitesimal comparado com o resto do Cosmos. E este resto do cosmos estava separado da Terra por estupendos golfos de tempo e espaço. A luz, movendo-se ao limite máximo de velocidade do nosso universo (186.000 milhas/seg.), leva 30.000 anos a chegar ao centro da nossa Via Láctea e milhões de anos a chegar a uma vizinha.

Foi então que me deparei com uma tradução de um artigo alemão do famoso cientista de foguetões alemão, Eugen Sânger [14]. Fiquei estupefacto com ele. Sânger mostrava que uma nave que se deslocasse quase à velocidade da luz, de acordo com a Relatividade Especial (RE) de Einstein, contrairia o espaço à sua frente e abrandaria o tempo no seu interior (como se mostra abaixo). Assim, estrelas distantes poderiam ser alcançadas no tempo de vida das tripulações das naves.

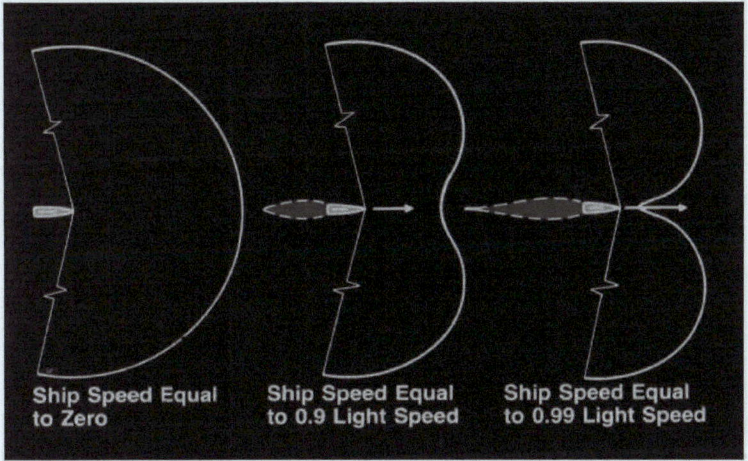


Cada vez mais dilatação do espaço-tempo à medida que uma nave se aproxima cada vez mais da velocidade da luz.

Usando a Relatividade Especial, Sânger mostrou que a dilatação relativista do espaço-tempo faria com que o envelhecimento humano nas naves abrandasse cada vez mais à medida que atingissem velocidades cada vez mais próximas da velocidade da luz em viagens interestelares cada vez mais longas. Usando uma aceleração da gravidade terrestre durante a metade inicial de uma viagem, seguida de uma desaceleração igual durante a metade final, Sanger mostrou, como mostrado abaixo, que a estrela mais próxima seria alcançada em 6 anos terrestres, já que apenas 3,5 anos se passaram na nave. Ele estimou que o centro da nossa galáxia Via Láctea seria alcançado em 19 naves-ano, pois passariam 30.000 anos na Terra, e que a galáxia M-31 seria alcançável em apenas 29 naves-ano, pois passariam 2,2 milhões de anos na Terra. E até mostrou que a circunferência do Universo (então estimada em 3 000 milhões de anos-luz) poderia ser percorrida em 42 naves-ano. Sanger mostrou, assim, que podemos não estar confinados para sempre à nossa pequena parte do cosmos.

| Interstellar Destination | Elapsed Tme On The Earth | Elapsed Time On The Ship |
|---|---|---|
| Nearest Star | 6.0 Years | 3.0 Years |
| Center of Our Galaxy | 30,000 Years | 19 Years |
| Andromeda Nebula M-31 | 2.2 Million Years | 29 Years |

Tempos de viagem estimados para uma aceleração de 1,0 g e uma desaceleração de 10 g numa estrutura de navio em movimento.

De repente, Sanger tornou o voo espacial mais interessante para mim. Mas ele supunha um foguetão supremo - um "foguetão de fotões" que convertia matéria em energia com uma eficiência perfeita através da aniquilação de matéria com anti-matéria. Além disso, o peso do seu foguetão definitivo não incluía qualquer massa estrutural, mas continuava a consumir quantidades proibitivas de combustível, mesmo para viagens às estrelas mais próximas. Depressa concluí que demasiado combustível teria de ser transportado em foguetões interestelares.

Uma fonte concebível de combustível eram as ténues nuvens de hidrogénio existentes nas galáxias a densidades de 100-10.000 átomos por centímetro cúbico. E estando familiarizado com mísseis com fases inferiores de foguetão e fases superiores de ramjet, imaginei uma fase inferior de foguetão anti-matéria tipo Sanger para o "impulso" inicial até quase à velocidade da luz, e depois uma fase superior tipo ramjet para ingerir uma faixa muito longa de ténue material interestelar que existiria ao longo da longa rota interestelar do ramjet. E imaginei um reator de fusão na nave a "queimar" (por fusão nuclear) átomos ou moléculas de hidrogénio que a nave ingerisse. Assim, as melhores trajectórias de voo atravessariam as nuvens mais densas de hidrogénio interestelar de uma galáxia.

Nebulosa Cabeça de Cavalo, que contém muitas regiões ténues de gases interestelares.

**A funilização magnética de grandes volumes de material interestelar em naves do tipo ramjet era necessária a velocidades mais lentas, enquanto que volumes mais pequenos eram necessários a velocidades muito elevadas para uma ingestão e combustão adequadas - quase à velocidade da luz.**

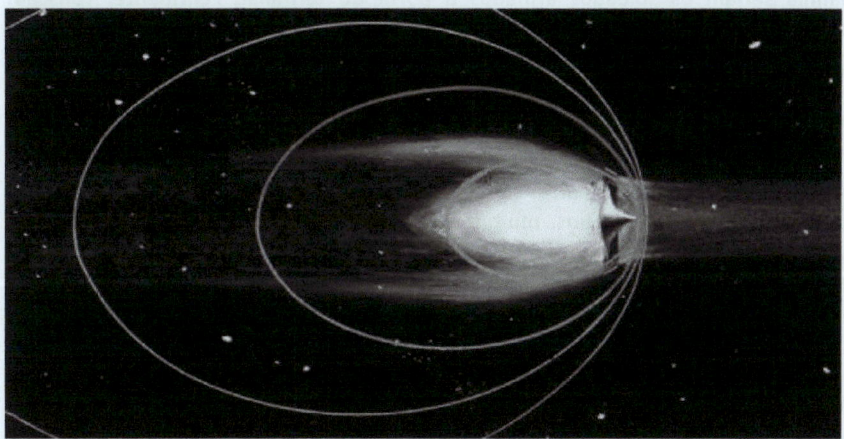

Material ingerido e fundido por um Ramjet interestelar a uma velocidade próxima da luz.

**Nessa altura (1967), a minha única experiência era em aeronáutica (não em astronáutica), pelo que não sabia se as minhas ideias sobre o voo interestelar interessariam a algum especialista em astronáutica. Para saber se havia algum interesse, resumi as minhas ideias iniciais num artigo [15]. O artigo analisava o trabalho de Sanger que revelou a possibilidade de atravessar grande parte do universo em naves relativistas durante o tempo de vida das suas tripulações; e eu mostrei que para isso seriam necessárias naves**

com propulsão tipo foguetão e tipo ramjet.

Apresentei [15] ao Comité de Artigos da Federação Astronáutica Internacional (IAF). O presidente do Comité, Harry Ruppe (um antigo cientista de foguetões Werner von Braun V2), aparentemente gostou do artigo e convidou-me a apresentá-lo no Congresso da IAF de 1967, em Belgrado, na Jugoslávia. No início, houve alguma consternação na Divisão de Astronáutica da Douglas, pois uma pessoa não astronáutica estaria a falar sobre um tema astronáutico avançado num fórum espacial. Isso acabou quando o meu artigo foi revisto favoravelmente por alguns peritos da Douglas Astronautics. Assim, a minha primeira incursão em voos interestelares foi autorizada a começar.

O Congresso teve lugar na Jugoslávia (atual Sérvia) em 1967, durante a guerra fria, e quase todos os participantes eram da União Soviética ou de países do bloco comunista. As estrelas do Congresso eram participantes da União Soviética. A Rússia era então o líder mundial em matéria de voos espaciais, conseguindo sempre novas estreias no espaço antes da América (como o primeiro satélite homem-mulher-cão no espaço; a primeira caminhada no espaço; e as primeiras sondas não tripuladas à Lua, Vénus e Marte). Mas a América estava a começar a recuperar o atraso. A viagem começou mal. O meu voo chegou tão tarde ao aeroporto de Belgrado que o hotel e o voo para Dubrovnik (onde ia ficar antes do congresso) foram cancelados. Ao contrário do que acontece na América e na Europa, as pessoas nos balcões não estavam dispostas a ajudar-me em nada, pois deparei-me com uma aparente indiferença e frieza a cada passo. Por fim, não tive outra alternativa senão ficar no terminal toda a noite, pois os balcões do aeroporto estavam a fechar e os empregados a sair do terminal para passar a noite. Assim, parecia que a minha única companhia seriam os soldados armados à porta do terminal. Felizmente, consegui encontrar uma pequena área de canto com cadeiras desconfortáveis onde não seria notado pelos soldados. Descansei pouco nessa noite, mas as coisas melhoraram no dia seguinte. Apanhei o voo para Dubrovnik e o homem ao meu lado no voo tinha uma irmã que alugava quartos. E em casa da irmã dele tive uma boa estadia e boas conversas com o filho da senhora que adorava basquetebol americano.

Mas as coisas pareciam voltar a ficar sombrias quando o Congresso começou. As sessões realizaram-se em vários edifícios, muitos dos quais albergavam gabinetes do Partido Comunista com um aspeto monótono. A fotografia da página seguinte mostra um dos diferentes edifícios onde se realizaram as diferentes sessões do congresso. A maior "Sessão de Abertura" do Congresso teve lugar num grande auditório de um edifício com muitos gabinetes do governo jugoslavo e do Partido Comunista. E, como os delegados do Congresso tinham de passar por muitos desses gabinetes a caminho do grande auditório, lembro-me de sentir uma sensação de depressão crescente e pesada a cada passo que dava.

Recebi os auscultadores no auditório, instalei-me e coloquei os meus auscultadores em inglês. Depois de muitos discursos de boas-vindas e cerimoniais que ouvi claramente em inglês, o orador principal, o Dr. Leonid Sedov, da Delegação Soviética, começou o discurso mais importante do dia: o mais recente e mais completo resumo de todas as realizações da ciência espacial soviética durante os seus primeiros 10 anos de exploração espacial. Mas, por alguma razão, a sua palestra não estava a ser traduzida para inglês. Por isso, lá estava eu, frustrado e zangado, rodeado por um mar de caras aparentemente pouco amistosas, e incapaz de ouvir qualquer palavra falada.

Como a palestra do Dr. Sedov não era ilustrada, não tinha nada para ver nem para ouvir. Mas sem nada de técnico para ouvir, tinha agora muito tempo para pensar noutras coisas. Consegui, de alguma forma, acalmar lentamente a raiva que me invadia por não ter ouvido o que estava ansioso por ouvir. Um pensamento estranho veio-me à cabeça, ao pensar em todas as coisas boas do meu passado pelas quais estava grato, e em toda a bondade e ajuda que tinha recebido de pessoas maravilhosas e altruístas. Uma onda de gratidão e afeto pareceu sair de repente de mim para todas essas pessoas maravilhosas do meu passado que me tinham abençoado. Não tive nenhuma visão, mas lentamente comecei a sentir uma força e um poder reinando dentro de mim, e uma consciência distinta de harmonia, bem e amor cercando aquele auditório e a mim - assim como braços espirais que cercam o centro de uma galáxia gigante.

Outra onda de gratidão inundou a minha consciência e senti um formigueiro como se uma alta voltagem estivesse a passar por mim. E, surpreendentemente, ali mesmo, naquele auditório do Partido Comunista, dei por mim a amar todos os que me rodeavam.

Como o tempo parecia recomeçar de repente, já não me importava de não estar a ouvir falar de voos espaciais. Mas apercebi-me de alguém várias filas à minha frente a mexer-se vigorosamente. De repente, um homem virou-se, olhou para mim e passou-me um papel por entre muitas pessoas. Era uma tradução para inglês de "Ten Years of Space Exploration in the Soviet Union", de L.I. Sedov - a mesma palestra que estava a ser dada na altura.

A partir daí, a minha experiência transformou-se completamente naquele país comunista. Uma mudança de consciência transformou a depressão e a frustração, num país que parecia sombrio e hostil, em alegria, humor, partilha de ideias e início de amizades com pessoas receptivas da União Soviética e de países do bloco comunista. E embora houvesse poucas pessoas inglesas ou americanas com quem falar, não me lembro de barreiras linguísticas graves, pois as palavras ou frases em falta pareciam ser sempre "preenchidas" durante cada conversa. Isto foi há muito tempo, mas ainda me lembro dessa experiência emocionante e gratificante para a alma quando, para variar, deixei de lado todos os meus desejos e vontades e me regozijei com todo o bem que me tinha sido dado.

Vista do Telescópio Espacial Hubble da Galáxia de Andrómeda, a 2,2 milhões de anos-luz da Terra.

## Energia de flutuação quântica de ponto zero para propulsão

**O trabalho normal da empresa manteve-me demasiado ocupado para fazer mais do que um pequeno artigo [16] sobre ramjets interestelares. Depois, um choque rude. Descobri que um respeitado físico de fusão, Robert Bussard, tinha concebido um ramjet interestelar propulsionado por fusão [17] muito antes de mim! E, para piorar as coisas, descobri que a sua análise, em muitos aspectos, era muito mais completa do que a minha. Mas mesmo a sua análise mais completa tinha críticos - principalmente aqueles que eram muito cépticos quanto à viabilidade do afunilamento magnético de enormes volumes de ténue material interestelar em reactores de fusão. E à medida que mais e mais experiências refutavam a viabilidade do afunilamento magnético de enormes volumes de gás em ramjets interestelares, acabei por abandonar a ténue matéria interestelar como fonte de combustível para naves estelares.**

**Por essa altura, um físico da empresa referiu-me o trabalho do Professor John Wheeler de Princeton. Wheeler mostrou a incrível possibilidade de o que parece ser um espaço inerte e vazio estar de facto repleto de energia em escalas submicroscópicas de tempo e distância, "flutuando de acordo com a física quântica e ressoando à escala do comprimento de Planck ($10^{-33}$ cm) entre configurações de curvatura e topologia variadas" [18]. E tais flutuações na geometria do espaço causam "flutuações quânticas de energia de ponto zero", como é simbolizado abaixo.**

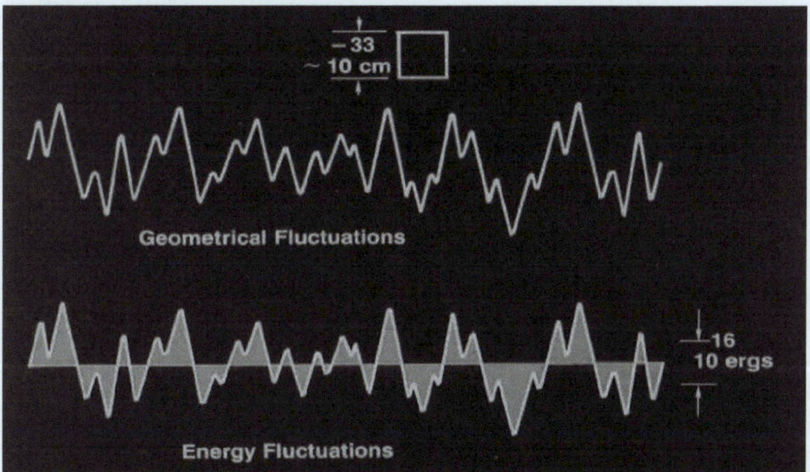


**As imagens acima mostram as flutuações de geometria e energia que ocorrem durante a passagem do tempo na região mais pequena que a física quântica permite. A média**

**O "valor de expetativa" da energia ($10^{16}$ erg) nesta região minúscula é estupendo. É 20 ordens de grandeza maior do que a energia de um protão, cujo volume é 80 ordens de grandeza maior do que o "comprimento de Planck" desta pequena região de $10^{-33}$ cm. E abaixo, de uma forma diferente, é mostrada a distribuição das flutuações de energia numa região espacial do vácuo quântico num determinado momento. As flutuações de energia, tal como as pulsações de energia electromagnética, são visualizadas como diferentes relâmpagos de diferentes comprimentos de onda ou frequências. Assim, as energias mais**

baixas estão associadas a um maior comprimento de onda ou a uma menor frequência. Assim, as flutuações quânticas de menor energia são simbolizadas por relâmpagos de cor mais fria (como: azul, amarelo e verde), e as flutuações quânticas de maior energia são simbolizadas por relâmpagos de cor mais quente (como: laranja, rosa e branco).

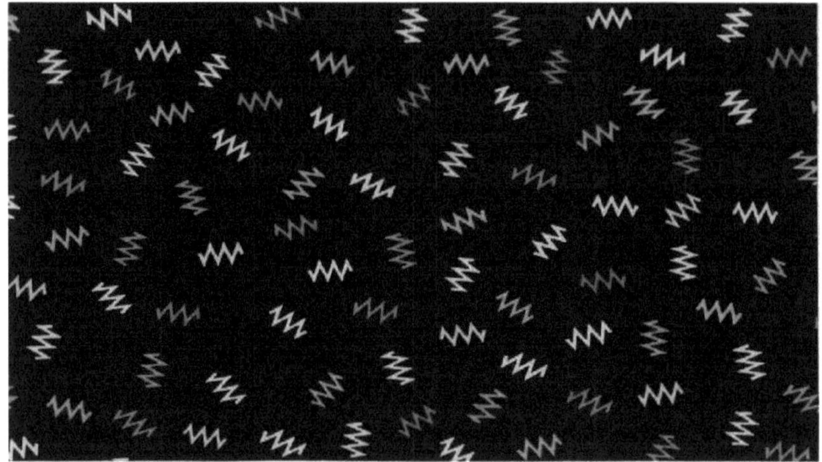

Atualmente, o espaço é geralmente visto como um meio energético, um "vácuo quântico" que inclui os quatro campos quânticos sem massa associados ao estado fundamental do ponto zero das quatro forças da natureza (gravidade, eletromagnetismo, força forte e força fraca). Os vácuos quânticos também incluem partículas virtuais - como electrões, positrões e mesões, e há quem acredite que outro campo quântico está associado à expansão acelerada do universo por uma "energia escura" invisível.

Utilizei a representação geométrica e matemática de Bussard da interação relativista de um ramjet interestelar com a matéria interestelar para fazer uma representação semelhante da interação relativista de um ramjet interestelar quântico com a longa faixa de flutuações quânticas que a área frontal da nave varreria durante uma longa viagem pelo espaço. Esta imagem é mostrada na página seguinte.

A figura abaixo mostra, num dado instante, uma pequena porção da longa faixa de flutuações de energia electromagnética quântica a ser varrida e ingerida por uma nave tipo ramjet ao longo da sua longa rota interestelar. Flutuações de energia electromagnética de diferentes intensidades ocorrem dentro da faixa de flutuações EM de ponto zero num dado instante. Como na figura anterior, elas são simbolizadas por muitos relâmpagos de diferentes freqüências (cores).

**Energias de flutuação quântica dentro de uma pequena parte da longa faixa de espaço que é varrida por uma nave espacial tipo ramjet.**

## Poderão estas energias ser recolhidas em escalas de tempo de femtosegundo e em escalas de distância de nanómetro para obter potência e impulso?

**Consegui relacionar os "valores de expetativa" da densidade de energia extraída do ponto zero na faixa de vácuo quântico com a potência e o impulso da nave que podem ser gerados. Isto inclui a eficiência (α) com que o sistema de ingestão de energia da nave extrai e colhe a energia do ponto zero do vácuo; e Isto foi feito em função da eficiência ( β) com que a energia extraída (de processos como a aniquilação do par eletrão-positrão) poderia ser convertida pelo sistema de propulsão da nave na energia cinética útil de um feixe de luz de impulso.**

**Não identifiquei uma forma específica de extrair energia quântica de ponto zero do espaço, nem uma forma específica de transformar a energia extraída em luz semelhante a um laser. Mas a minha representação permitiu calcular o desempenho da nave como: uma função de: tempo e distância ao longo dos quais a energia pode ser interagida e extraída com eficiência (α); e a eficiência (β) pela qual a energia extraída é convertida na energia cinética útil de um feixe semelhante a um laser emitido. Uma conceção artística de um "ramjet quântico" que acelera até quase à velocidade da luz encontra-se na página seguinte.**

**A minha ideia de um jato de chuva quântico interestelar é mostrada abaixo. Apresentada em Londres, foi publicada no "Journal of the British Interplanetary Society" em 1980 [19] e foi a primeira a considerar a possibilidade de utilizar o vácuo quântico como fonte de energia e de potência e propulsão espaciais.**

Ramjet interestelar quântico: para atingir quase a velocidade da luz, aproveitando as energias quânticas do vácuo do próprio "espaço vazio".

O meu artigo não era uma visão otimista da utilização das energias de flutuação do espaço para as necessidades energéticas. Mostrava que os ramjets quânticos interestelares enfrentavam o problema extremamente difícil de interagir com flutuações de energia que duravam menos de um femtossegundo e que existiam em distâncias tão curtas como um nanómetro de comprimento. Infelizmente, em 1980, os tempos de resposta dos instrumentos eram milhões de vezes mais lentos e milhares de vezes mais longos do que estas curtas escalas temporais e espaciais. Mas agora, os avanços que criaram lasers de petawatt de femto-segundo de focagem estreita deverão em breve permitir sondar e interagir com o vácuo quântico em tempos e distâncias que se aproximam destes valores.

Anos mais tarde, numa reunião especial, dei por mim sentado ao jantar ao lado de Robert Bussard (que tinha concebido um ramjet interestelar antes de mim). Disse-lhe que admirava muito o seu artigo sobre o Ramjet interestelar e que tinha utilizado parte da sua excelente metodologia para uma análise quântica do ramjet interestelar que eu tinha feito. Ele sorriu largamente e disse que tinha realmente lido o meu trabalho sobre o ramjet interestelar quântico e que tinha gostado dele o suficiente para o dar à sua mulher para ser usado num dos seus projectos avançados de estudante universitária. Por isso, considerou-nos "quites" no empréstimo dos ramjets um do outro. Rapidamente nos tornámos bons amigos e a sua grande empresa e a minha, muito mais pequena, desfrutaram de anos de colaboração na fascinante investigação sobre energia de fusão e energia de propulsão para a NASA e a ESA.

Embora seja provável que nenhum ramjet interestelar quântico venha a voar durante a minha vida, é a minha única pretensão a qualquer tipo de fama pública. O escritor de ficção científica Arthur E. Clark usou o meu ramjet quântico como uma enorme, heróica e salvadora nave estelar que transportou um milhão de pessoas em segurança da Terra moribunda para um novo mundo no seu romance de ficção científica de 1986, "The Songs of Distant Earth". Agora, mais de 30 anos depois, os veículos de ficção científica continuam a salvar a Terra e outros mundos de inúmeras formas. Mas continuo satisfeito por o meu ramjet quântico, que salva a Terra, ter sido um dos primeiros.

Mais importante ainda, o cientista da Força Aérea, Frank Mead, interessou-se pelas minhas ideias de energia de vácuo de ponto zero. Encarregou o seu brilhante consultor científico, Robert Forward, de trabalhar comigo na forma como esta poderia ser aplicada à energia ou propulsão dos voos espaciais. No início, Forward disse-me: "Neste momento, não vejo forma de controlar essa energia, pode ser tão impossível de utilizar como o calor do oceano."

Mas Forward interessou-se muito pela energia quântica e deu-me muito apoio em conferências, especialmente quando fui atacado por cépticos quanto à sua existência. E depressa ficou a saber do "Efeito Casimir", em que placas metálicas muito próximas excluem as flutuações quânticas de maior comprimento de onda entre elas, fazendo com que a força de empurrão das flutuações exteriores comprima as placas.

Forward demonstrou que esta situação poderia fazer com que as placas se unissem sem esforço e que a energia EM de todas as flutuações quânticas excluídas poderia ser extraída

**como a corrente eléctrica de uma bateria. Este facto deu origem a um famoso artigo de Forward sobre uma bateria de flutuações de vácuo [20]. Infelizmente, a sua bateria não gerava energia eléctrica líquida porque a energia necessária para forçar a abertura das placas fechadas e repetir o processo seria superior à energia libertada. Mas o seu trabalho mostrou que era possível interagir com o vácuo para provocar força e libertar energia. Assim, aumentou consideravelmente o interesse científico pela natureza e comportamento do vácuo quântico.**

**A patente americana 7379286 (Haisch e Moddel 2008) descreve uma possível extração de energia quântica de ponto zero de um gás que flui através de muitos canais estreitos. A patente sugere que a energia extraída removida dos canais pode ser a remoção de energia de ponto zero por um Efeito Casimir. Também sugere que a energia de ponto zero removida é reabastecida por mais energias de ponto zero do espaço cada vez que o fluxo de gás esgotado emerge dos canais após cada circuito pelo gás.**

**Seria excelente se isto estivesse, de facto, a acontecer e se a extração de energia do ponto zero pudesse ser enormemente aumentada por canais nanométricos muito mais pequenos e estreitos. Infelizmente, não ouvi nada sobre o estado desta patente. Assim, aparentemente, ainda há muito a fazer antes que aquela que seria a mais incrível fonte de energia de todas - a energia da vastidão do próprio espaço vazio - possa ser colhida para as futuras necessidades energéticas e de voo espacial da Terra.**

# Voo mais rápido do que a luz em espaços de dimensão superior

**É uma sorte que o tempo abrande nas naves que viajam quase à velocidade da luz, para que possam chegar a estrelas distantes antes que ocorra um grande envelhecimento das suas tripulações. Mas o tempo não abranda na Terra. Assim, muitas gerações terrestres já teriam vivido e morrido nessa altura. Por isso, seria ainda melhor se as naves pudessem viajar mais depressa do que a luz em relação à Terra, para alcançar e regressar das estrelas em tempos curtos para as naves e para a Terra. Pois a tripulação poderia então partilhar os resultados da viagem com os que tivessem ficado na Terra.**

**No início dos anos 80, artigos especulativos em "revistas de física" introduziram a ideia de "taquiões" que podiam ir mais depressa do que a luz (FTL). E alguns viam os taquiões como soluções mais rápidas do que a luz da Relatividade Especial de Einstein (RE). Pois, o fator de contração de Lorentz da SR [(1-(V/c) ]$^{21/2}$ tem valores reais apenas para velocidades V mais lentas que a luz (STL). Mas, se multiplicado por i = [-1]$^{1/2}$ , este fator torna-se [(V/c)$^2$ -1]$^{1/2}$ que tem valores reais apenas para a velocidade FTL. Após alguma análise geométrica, fui capaz de visualizar as soluções STL e FTL do SR como ocorrendo num domínio de existência mais profundo do que o plano de existência do espaço-tempo x-ct ordinário. Isto foi feito com uma coordenada vertical ikτ, que é ortogonal às que descrevem a viagem no espaço (x) e a viagem no tempo (ct) de tardígrados mais lentos do que a luz num plano de existência do espaço-tempo x-ct. E este plano x-ct é visto como estando embutido no volume do reino x-ct-ikτ de dimensão superior que se eleva (como um céu) acima dele.**

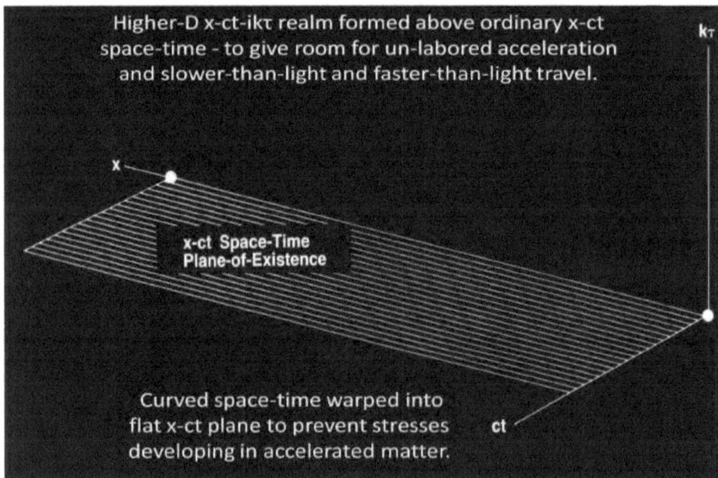


**Plano x-ct inferior de tardígrados mais lentos que a luz - integrado num reino x-ct-ikτ superior em que viajam tanto os tardígrados mais lentos que a luz como os taquiões mais rápidos que a luz.**

**Os lados do reino do cubo x-ct-ikz de D superior abaixo são: Planos de espaço-tempo x-ct; planos de espaço-tau x-ikτ "sem tempo" e planos de tempo-tau ct-ikτ "sem espaço".**

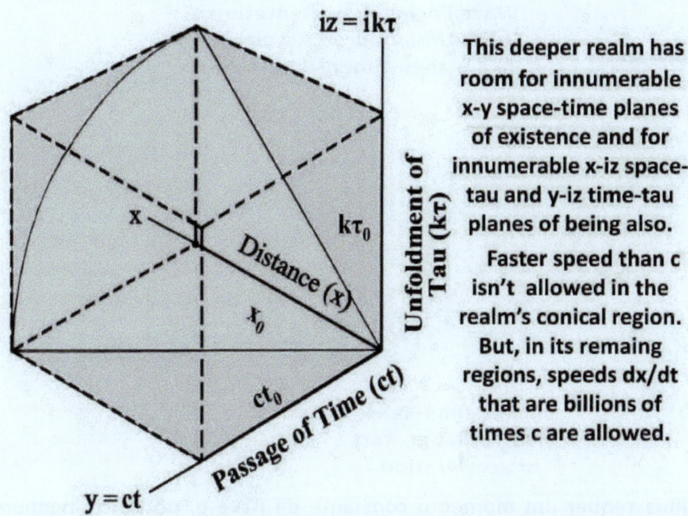


**A energia da nave E/c está relacionada com a sua viagem no tempo ct; a vitalidade kρ está relacionada com a sua viagem em tau kτ; e o momentum p está relacionado com a sua viagem no espaço x. E a seguir é mostrada uma forma de aceleração rápida e sem esforço da nave até uma velocidade muito elevada neste domínio mais profundo x-ct-ik.**

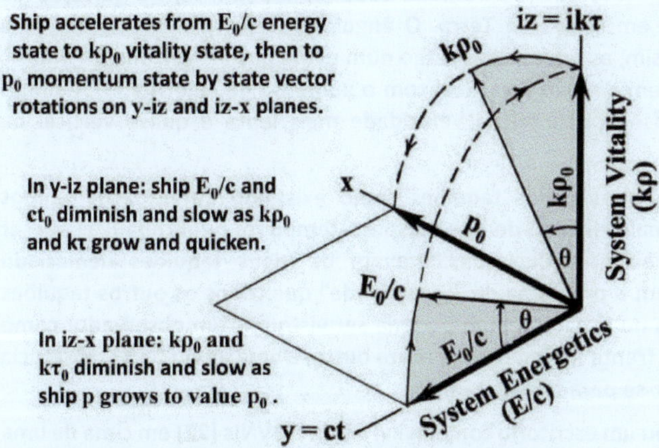


**Aceleração não trabalhada por rotação do navio nos planos y-iz e x-iz**

**Tal como o meu domínio de voo mais lento e mais rápido que a luz era simplista, também o era a minha representação dos estados vibratórios STL e FTL no seu interior. Abaixo é mostrada uma representação muito simples do pacote de ondas de De-Broglie dos estados vibratórios de uma nave a uma velocidade STL e FTL, em que uma ondulação de tardyon mais lenta do que a luz na métrica espaço-tempo x-ct se transforma numa ondulação de tachyon mais rápida do que a luz na métrica quase ortogonal x-iz espaço-tau.**

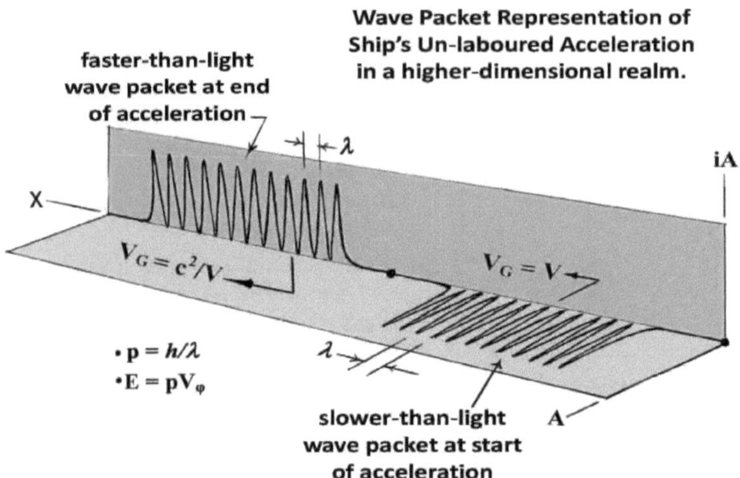


A aceleração contínua requer um momento constante da nave e, portanto, nenhuma mudança no comprimento de onda do pacote de ondas λ. Portanto, λ é mostrado como inalterado. A "velocidade de fase" inicial $v_\phi$ das ondulações individuais do pacote de ondas é $c^2$ /VG: onde VG é a "velocidade de grupo" do pacote. Aqui, a VG do pacote à velocidade máxima é $c^2 / v_\phi$ onde: $V_\phi$ é igual à VG inicial do pacote no início de sua aceleração.

O plano de vibração do pacote gira no domínio superior x-ct-ikτ com a variação da velocidade do pacote VG/c em relação à Terra. O ângulo ϕ deste plano em relação à horizontal é $\tan^{-1}$ (VG/c). Assim, as ondulações estão num plano quase horizontal a uma VG muito lenta. Mas ele gira em direção à vertical com o aumento da velocidade. Assim, o estado de vibração é quase horizontal na velocidade mais lenta e quase vertical na velocidade mais rápida.

A minha visão dos tardígrados e dos taquiões como existindo em espaços-tempos ortogonais num domínio mais elevado do que o espaço-tempo foi publicada [21] apesar das objecções de dois revisores que consideravam os meus taquiões demasiado "metafísicos". Mas evitaram o problema de "causalidade" que todos os outros taquiões sofreram. Pois um taquião no espaço-tempo poderia ser visto por um observador como estando a mover-se para a frente no tempo, mas para outro, a uma velocidade e distância diferentes, estaria a mover-se para trás no tempo.

A minha mulher Irina visitou um escritório com um livro sobre OVNIs [22] em cima de uma mesa e, enquanto o folheava, viu a palavra "tachyon", uma palavra estranha que uma vez me ouviu dizer. Intrigada, acabou por encontrar uma livraria com esse livro e trouxe-mo para casa como presente. A princípio, não fiquei grato, pois evito fielmente os livros de OVNIs. Porque, embora mencionassem muitas vezes objectos com um comportamento de voo extraordinário, careciam invariavelmente de provas que pudessem ser aprofundadas. Mas este livro pareceu-me superior à maioria dos outros, com fotografias e descrições convincentes de quantidades significativas de testes e análises das fotografias, amostras de metal e gravações de som. Por isso, decidi dar uma olhadela a este livro sobre OVNIs.

Era a história de um agricultor suíço sobre contactos com alegados seres semelhantes a humanos durante vários anos no período de 1975. Mencionavam-se visitas bastante frequentes de seres alegadamente espaciais cujas "naves" atravessavam 500 anos-luz de distância (mais de 1.000 triliões de quilómetros) entre o seu planeta natal (dentro do aglomerado estelar das Plêiades) e a Terra. Fizeram esta viagem extremamente longa em apenas 7 horas, exigindo velocidades médias de voo superiores a 100 milhões de biliões de vezes a velocidade da luz. Eu assumi com ceticismo que o agricultor tinha provavelmente sido informado desta história por pessoas versadas em ciência ou ficção científica - e não por astronautas autênticos. Mas os tempos de viagem extremamente curtos indicados para as naves implicavam uma aceleração e velocidades mais elevadas do que seria de esperar - com as naves a passarem a maior parte do tempo a voar numa parte insignificante da sua distância de voo a uma velocidade mais lenta - o que lhes deixava a tarefa muito difícil de uma aceleração estupenda para uma velocidade estupenda em apenas alguns segundos. Mas em vez de este perfil de voo surpreendentemente inesperado aumentar a descrença na história do agricultor, deixou-me ainda mais intrigado com ela.

A nave alienígena acelerou rapidamente para a velocidade da luz em 3,5 horas através de uma "drive emissora de luz". Um "propulsor de taquiões" acelerou então a nave ao longo de uma distância astronómica de 250 milhas em direção ao alvo a uma velocidade muito superior, em apenas alguns segundos, até atingir uma velocidade superior a um trilião de vezes c. A nave de feixes abrandou então à mesma enorme velocidade para cobrir os restantes 250 anos-luz de distância até ao seu destino.

Para evitar o desenvolvimento de tensões proibitivas na nave e na tripulação durante uma aceleração muito elevada, seria necessária uma deformação adequada da métrica do espaço-tempo ou do vácuo quântico pelos motores da nave de feixes - para evitar a massa da nave e a dilatação do tempo à medida que a velocidade da luz se aproxima e é ultrapassada. Foi dito ao agricultor que o tempo passava ao mesmo ritmo tanto na nave como na Terra. Isto é consistente com o facto de os motores da nave impedirem o abrandamento relativista do tempo da nave, a diminuição do comprimento da nave e a ampliação da massa da nave, em comparação com o tempo de repouso na Terra.

Os visitantes disseram que o seu propulsor de taquiões levou apenas alguns segundos do tempo terrestre para atingir um "estado de hiperespaço" que, de facto, fez com que o espaço e o tempo cessassem quando a nave acelerou para velocidades estimadas em mais de um bilião de vezes a velocidade da luz c. Estranhamente, o "fazer cessar o espaço e o tempo" foi algo semelhante ao que ocorreu durante a aceleração não laboriosa da nave descrita na minha figura de baixo na página 62. É mostrado o espaço a cessar durante a rotação inicial para cima do vetor de estado energético de uma nave num plano de existência y-iz; e depois o tempo a cessar (sendo desacelerado para o tempo zero) quando o vetor energético da nave completa uma rotação de 90 graus num plano de existência iz-x sem tempo. E podemos visualizar apenas segundos do tempo terrestre decorridos durante a rápida rotação descendente do vetor do momentum da nave para uma atitude quase horizontal no plano iy-x e para um ângulo quase nulo em relação à coordenada x do plano x-ct de existência do espaço-tempo ordinário. E esta orientação final do vetor está associada à velocidade máxima da nave - uma velocidade mais de um trilião de vezes superior à velocidade da luz.

Eu ainda estava cético quanto à existência de naves de feixe e seus motores. Mas se existissem, os campos electromagnéticos emitidos por um propulsor teriam de se acoplar favoravelmente à gravidade ou aos campos de vácuo quânticos. Mas estes campos têm uma complexidade maior do que os campos electromagnéticos normais (cuja modesta complexidade matemática é definida por uma "simetria de Lie" de apenas U1). Assim, o eletromagnetismo comum associa-se fracamente à gravidade. Assim, como se mostra abaixo, as naves emissoras emitiriam campos electromagnéticos especiais de maior complexidade e simetria para se associarem favoravelmente aos que dão origem à gravidade e à inércia.

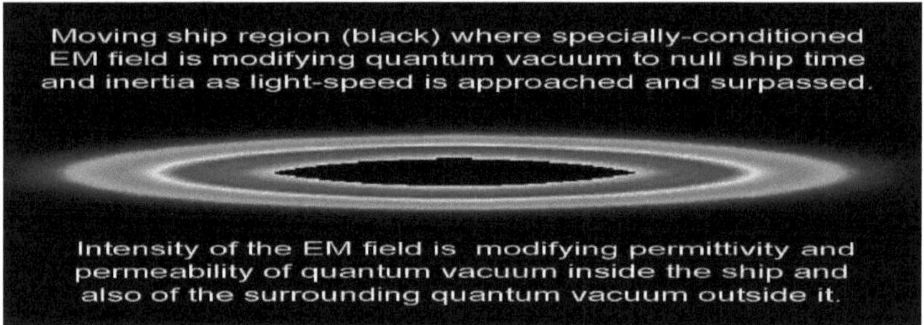


Uma nave visualizada a acelerar rapidamente durante vários segundos pela ação propulsora do seu "propulsor de taquiões", viajando a uma distância de cerca de 250 anos-luz e atingindo uma velocidade máxima de mais de mil milhões de vezes a velocidade da luz.

Para se conseguir uma aceleração da nave quase sem trabalho é necessário que o meio circundante da nave apresente muito pouca resistência à nave. Mas isto, é claro, requer que a nave perturbe apenas ligeiramente o seu meio. Isto foi descrito de forma pitoresca pelos visitantes em [22] como: "a nave está protegida por uma cinta protetora (campo de forças) que permite afastar todas as interferências sem as empurrar". Para além disso, desafiaram o "hiperespaço" como um reino dimensional superior, ou um estado diferente de ser que substitui um sentido espacial de distância ou um sentido temporal de tempo.

A condição de hiperespaço criada por um propulsor de taquiões (descrita na página 53 de [22]) parecia algo semelhante à altura da minha coordenada ikτ que se elevava acima de um espaço-tempo x-ct plano de existência para formar o reino x-ct-ikτ de dimensão superior nas páginas 59 e 60 deste livro. Assim, a matemática e a geometria associadas a este reino superior podiam ser usadas para mostrar segmentos de trajectórias de naves alienígenas mais lentas do que a luz (STL) e mais rápidas do que a luz (FTL) no meu reino x-ct-ikτ, que era apenas uma aproximação tridimensional de um reino de dimensão superior.

É mostrada a trajetória (linha do mundo) de uma nave estelar que se move à velocidade STL e FTL num reino de D superior ao espaço-tempo x-ct de D inferior de um mundo meramente material. É mostrada a primeira metade da viagem da nave à medida que esta acelera a uma determinada velocidade até à velocidade da luz e depois acelera a uma velocidade extremamente mais elevada até à velocidade FTL muito alta.

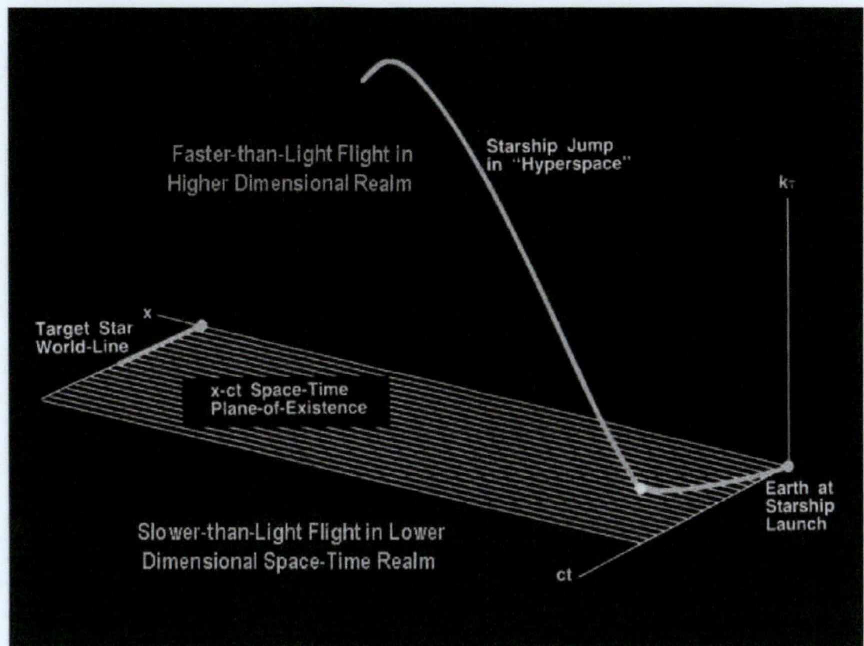


**Trajetória (linha do mundo) de um voo mais lento e mais rápido do que a luz num domínio mais elevado do que o espaço-tempo.**

**As viagens espaciais quase horizontais (x) e as viagens no tempo (ct) ocupam o plano x-ct até que c seja atingido, e então começa o voo de subida quase vertical. E tal como o céu dá espaço às aeronaves para subirem e mergulharem acima da Terra, também a coordenada ikτ dá espaço às naves para subirem e mergulharem acima do espaço-tempo. É mostrado o caminho mais curto e mais lento traçado por uma nave em aceleração no espaço-tempo e, em seguida, o início de um caminho em arco muito mais longo e mais rápido traçado pela nave no domínio x-ct-ikτ de maior densidade. Finalmente, a aceleração para uma velocidade e altitude máximas estupendas (ikτ) e o início do abrandamento para uma velocidade e altitude mais baixas até que a viagem finalmente termine.**

**O voo das naves também pode ser visto da perspetiva de um observador terrestre que está a ver uma nave espacial a afastar-se - acelerando na direção do seu alvo (um planeta noutro sistema solar) e depois desaparecendo de vista quando a sua aceleração inicial termina. A nave reaparece então em apenas alguns segundos - à velocidade a que desapareceu. Mas a nave está agora subitamente a 500 anos-luz de distância - muito perto do seu destino.**

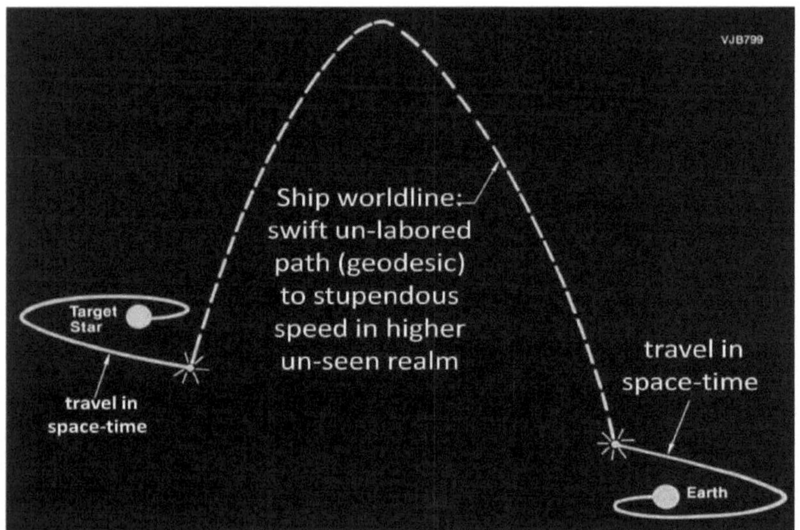


**A nave acelera para longe da Terra, desaparece e reaparece em apenas alguns segundos. Mas, durante esses segundos de desaparecimento, a nave, de facto, salta muito acima do espaço-tempo e ultrapassa distâncias estupendas para atingir velocidades que são milhares de milhões de vezes superiores à velocidade da luz.**

**O meu trabalho estimulado por OVNIs [22] foi publicado pela British Interplanetary Society (BIS). Como os OVNIs são tópicos tabu nas revistas científicas, limitei-me a descrever os requisitos da FTL em reinos de dimensões superiores. Mas mesmo sem OVNIs, o meu trabalho recebeu interesse suficiente para que o BIS me pedisse para escrever outro artigo sobre FTL [22].**

**Em 1972, Miguel Alqubierre [25] definiu uma solução da Relatividade Geral (RG) para a deformação do espaço-tempo que permitia a aceleração de naves espaciais não tripuladas até à velocidade FTL (faster-than-light). E eu acredito que este é o melhor trabalho sobre o voo FTL não elaborado que foi feito até agora. Uma representação geométrica da sua solução de distorção espacial é mostrada abaixo. Vê-se o campo de propulsão da nave que acelera o espaço para a esquerda, *"achatando"* o espaço curvo normal dentro e à volta da nave, para evitar que se desenvolvam tensões ou forças durante um voo extremamente acelerado. Também é mostrada a deformação vertical do espaço perto da nave para causar a sua impulsão.**

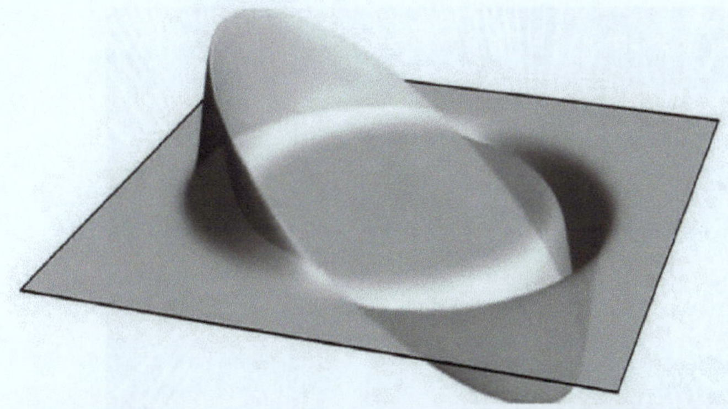

**A representação de Alcubierre, acima, da deformação vertical do sistema métrico bidimensional plano, e a minha representação, na página 63, da elevação vertical do sistema métrico bidimensional plano estão de certo modo relacionadas. A representação de Alcubierre mostra a deformação vertical do sistema métrico plano num domínio mais elevado do que o do sistema métrico deformado, enquanto a minha representação mostra a ascensão vertical de um navio deformado por um sistema métrico num domínio mais elevado do que o do sistema métrico deformado.**

**O trabalho de Alqubierre estimulou muito trabalho adicional de outros durante muitos anos. Infelizmente, a maior parte deste trabalho adicional foi desencorajador. Pois descobriu-se que o acoplamento extremamente fraco entre a gravidade e os campos electromagnéticos comuns exigia a geração de quantidades estupendas de energia de campo eletromagnético para deformar a métrica do espaço-tempo na topologia de Alqubierre acima, o que permite viajar mais depressa do que a luz.**

**Alguns de nós acreditam que a deformação da métrica do espaço-tempo ou a polarização do vácuo quântico com uma energia de campo aceitável exigirá um condicionamento especial dos campos electromagnéticos comuns em campos electromagnéticos de ordem superior de muito maior complexidade. Exemplos de campos electromagnéticos de ordem superior são os campos de radiação electromagnética SU2 e SU3 que foram estudados por Barrett [8,9,10] e que têm a simetria de Lie superior dos campos de matéria SU2 e SU3 associados à força "fraca" e à força "forte" nos núcleos atómicos.**

**O meu último esforço de FTL foi uma simulação preliminar da ultrapassagem da velocidade da luz por energia EM emitida por uma nave em aceleração, muito parecida com a mostrada na página 65. Abaixo é mostrada a distorção favorável do vácuo quântico circundante de uma nave através da modificação favorável da sua emissividade eléctrica e permeabilidade magnética por feixes EM. Não estão incluídas as interações do campo EM e do vácuo no interior do próprio veículo. Todo o trabalho foi realizado por Robert Roach da Georgia Tech University - que utilizou a dinâmica de fluidos computacional (CFD) e certas semelhanças assumidas na transferência de energia fluídica e electromagnética e na propagação de perturbações. O seu trabalho revelou possibilidades encorajadoras, mas também as enormes dificuldades de modelar adequadamente todos os muitos processos e interações críticos e atualmente desconhecidos que teriam de ser compreendidos para uma modelação e simulação adequadas do voo FTL.**

As suas dificuldades espantosas e as inúmeras incertezas e incógnitas fazem com que o voo FTL seja geralmente rejeitado pela ciência ortodoxa, com pouca literatura científica acreditada (como a Nature e a Plysical Review Journals) a encorajar ou apoiar ideias FTL bizarras como: reinos de dimensões superiores: deformação da matéria ou da métrica do espaço-tempo; extração de energia do espaço vazio. Infelizmente para os defensores do FTL, os milagres do FTL são mencionados principalmente na literatura de ficção científica e de OVNIs. Mas, estranhamente, coisas invulgares, algo parecidas com milagres FTL, têm sido mencionadas na literatura religiosa. Com efeito, o Antigo e o Novo Testamento da Bíblia falam de representantes superiores de uma Mente ou Espírito supremo que fizeram coisas extraordinárias há milhares de anos e que se assemelhavam a milagres FTL. Algumas dessas coisas semelhantes foram: materializar e desmaterializar a matéria; separar um mar; caminhar sobre a água; acalmar uma tempestade: e transporte imediato para uma costa distante.

## Poderá a humanidade expandir-se para além dos limites da Terra?

**Muito se passou entre 1953 e 1983, altura em que se registaram os avanços mais rápidos no voo humano. Mas o progresso dos voos pareceu diminuir pouco depois disso. No entanto, as conferências e os debates sobre o sector aeroespacial não diminuíram e alguns dos debates mais aborrecidos referiam-se a iniciativas governamentais planeadas para o avanço dos voos espaciais. Algumas iniciativas eram dispendiosas, indo muito longe no futuro. Mas nenhuma parecia suficientemente ousada para revolucionar os voos espaciais - para reduzir o seu custo o suficiente para tornar os voos espaciais uma oportunidade comercial e económica em vez de um encargo contínuo para os contribuintes. Além disso, o governo também era bastante fraco no controlo dos custos dos voos espaciais. Os custos do vaivém foram cerca de 40 vezes superiores ao prometido e os custos da Estação Espacial excederam as estimativas por factores de 10. Assim, as estimativas da NASA de 450 mil milhões de dólares dos contribuintes para uma planeada Expedição a Marte com foguetões químicos estavam a ser aumentadas por peritos seniores em custos para mais de um bilião.**

**Além disso, as razões para as iniciativas de voos espaciais pareciam vagas e mundanas, embora alegassem sempre coisas boas como "aumentar o interesse dos jovens pela ciência" e "manter a preeminência dos EUA no espaço". Assim, depois de ouvir muitos planos para futuras iniciativas de voos espaciais, decidi tentar planear a minha própria iniciativa. E comecei por rever os avanços passados durante o primeiro século de voo - como se pode ver abaixo.**

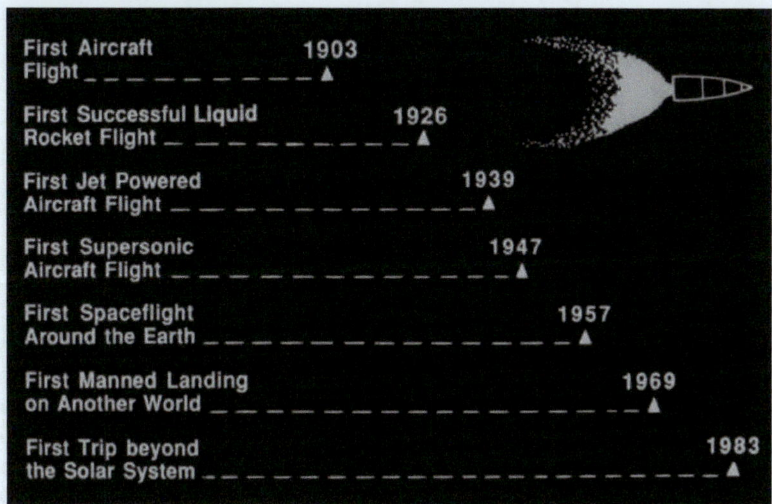


**Verifica-se que o avanço relativamente rápido do voo durante os primeiros 80 anos de voo foi por vezes possibilitado por um avanço significativo do sistema de propulsão.**

**Os primórdios da propulsão por foguetões e por jactos de ar respirável foram em 1926 e**

1939, mas, cerca de 55 anos depois, a propulsão por jactos ultrapassou a propulsão por hélices, revolucionando as viagens aéreas por volta de 1980. Nessa altura, a propulsão por foguetão já tinha permitido o início dos voos espaciais. Além disso, durante esses anos Halcyon, quando o programa Apollo estava a decorrer, também estava a decorrer o bem sucedido programa de foguetões nucleares "Rover". E, em 1972, o foguetão de fissão nuclear Nerva NRX/XE tinha acumulado 2 horas de tempo de disparo no solo, incluindo uma corrida de 28 minutos a toda a potência com 334 kN de impulso, que se acreditava ser suficiente para enviar seres humanos a Marte. Assim, com esta base nuclear, Werner von Braun fez um forte lobby para partir numa expedição humana a Marte por meio de propulsão nuclear em 1982.

De seguida, tentei extrapolar para o futuro o progresso passado no aumento da distância de voo durante os primeiros 80 anos de voo, como se mostra abaixo. E fiquei satisfeito com o facto de que, mantendo este ritmo de progresso passado no futuro, os seres humanos poderiam chegar a sistemas estelares extremamente distantes antes do final deste século 20th .

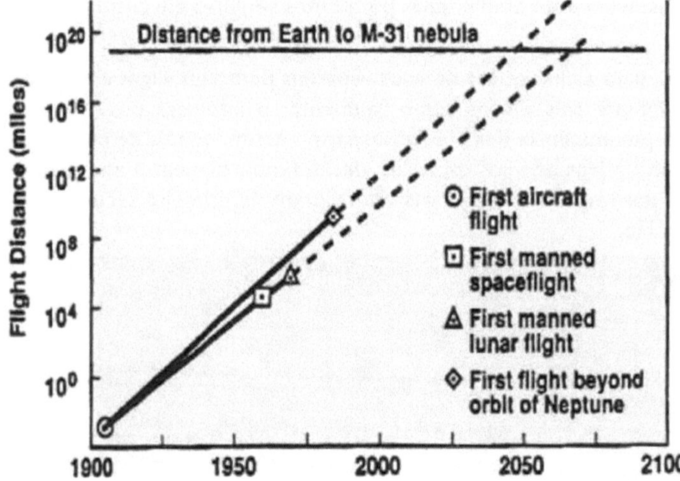


Extrapolações do progresso da distância de voo do nosso passado mostram que poderemos estar tão longe como estrelas distantes em 2075 se conseguirmos manter o progresso da distância de voo do nosso passado.

As extrapolações em linha reta da velocidade de voo não eram tão encorajadoras como a distância. Os tempos extrapolados indicavam que a velocidade da luz não seria atingida até cerca de 2120. Mas extrapolações ligeiramente não lineares indicavam que poderia ser alcançada por volta do final deste século. Por isso, avancei com uma iniciativa que visava avanços revolucionários nos voos espaciais para permitir uma exploração do sistema solar muito mais segura e muito menos dispendiosa; e para possivelmente o deixar antes do ano 2100.

Durante os primeiros 80 anos de voo, a invenção do motor a jato (por Von Ohain e Whipple) e do transístor (por Shackly e outros) conduziu a computadores, aviónica e motores turbofan que revolucionaram as viagens aéreas, permitindo aviões mais rápidos, seguros e económicos, como o Boeing 747 e o McDonnell Douglas MD-80, apresentados abaixo. E isto conduziu à atual indústria mundial de viagens aéreas, composta por empresas de aeronaves, companhias aéreas, aeroportos, hotéis e viagens em terra, que proporcionou carreiras e experiências de voo expansivas a milhões de pessoas na Terra.

Uma nova revolução nas viagens aéreas e espaciais permitiria novas oportunidades, como o turismo espacial e as viagens aéreas de alta velocidade e altitude, proporcionando a experiência exaltante do voo espacial a milhares de pessoas e não apenas a algumas. Assim, da mesma forma que as naves com propulsão a hélice foram substituídas por naves com propulsão a jato para revolucionar o voo aéreo, as actuais naves com propulsão a jato e foguetão poderão ser substituídas por naves com novos modos de propulsão. E com a ajuda de outras novas tecnologias para reduzir drasticamente o tempo, o custo e o risco das viagens aeroespaciais, estas naves comerciais criariam novas e excitantes carreiras para milhões de pessoas na Terra.

Exemplos deste tipo de embarcações são os aviões aeroespaciais de respiração aérea e de propulsão no terreno, referidos nas secções anteriores, e um outro é apresentado na página seguinte.

Aviões aeroespaciais reutilizáveis Swift que podem levar turistas espaciais para órbita ou transportar passageiros através do espaço entre quaisquer duas cidades na Terra em menos de 2 horas

Exceto no que diz respeito às organizações espaciais e aos entusiastas do espaço, havia pouca paixão nos anos 90 por expedições a Marte com foguetões químicos financiados pelos contribuintes, no valor de um trilião de dólares. Mas se os custos das expedições a Marte pudessem ser 100 vezes inferiores aos custos dos foguetões químicos, poderiam estar ao alcance dos recursos de investimento de empresas combinadas. Mas tais expedições exigiriam reduções tão drásticas de combustível por parte dos seus veículos, que os seus motores teriam de desenvolver grande parte da sua potência e impulso através da ação dos campos e não da combustão da matéria.

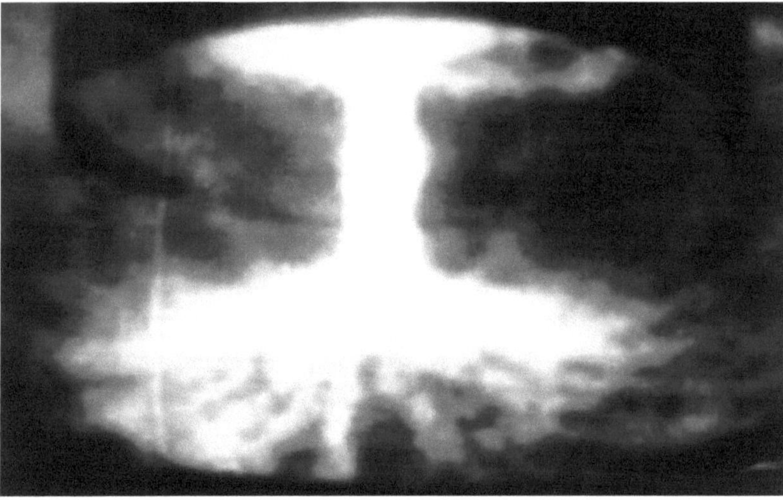

Geração intensa de energia para potência e propulsão através da enorme aceleração e compressão de plasmas leves por fortes campos eléctricos e magnéticos - pelo Professor Nardi do Instituto Stevens.

A minha iniciativa mostrava exemplos de possíveis avanços na propulsão durante os próximos 80 anos de voo, começando com sistemas de foguetões ou ramjet cada vez mais energéticos e continuando com sistemas ainda mais futuristas que consumiriam ainda menos propulsor ao desenvolverem grande parte do seu impulso através de acções de campos e não da combustão de matéria. A página seguinte mostra os níveis possíveis de propulsão de campo que podem ser atingidos durante os anos futuros deste século 21st .

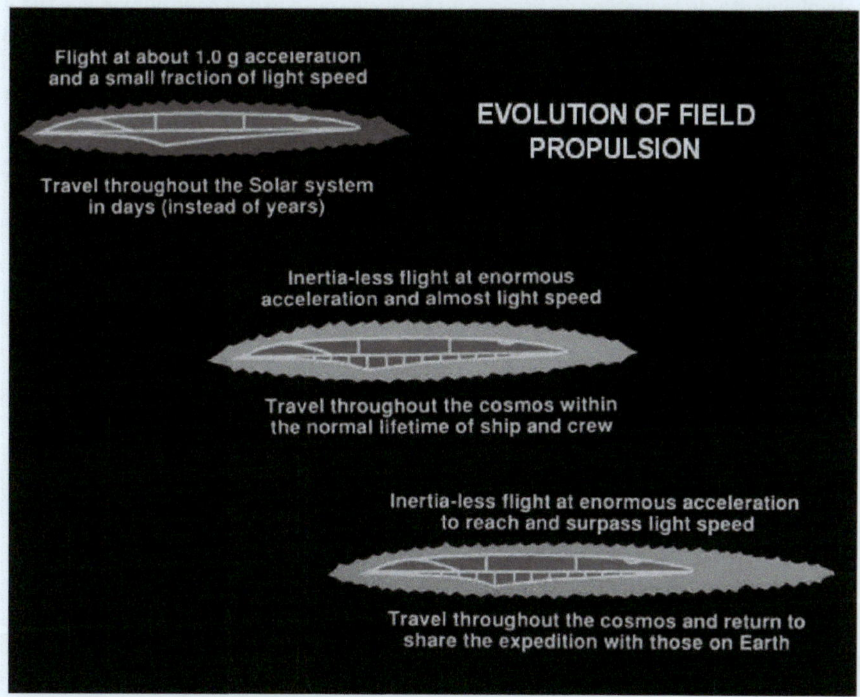


Estudos efectuados por outros indicaram que mesmo uma propulsão muito mais lenta do que a luz poderia permitir a colonização de toda a nossa galáxia da Via Láctea se os avanços na nanotecnologia e no fabrico permitissem naves auto-replicantes e tripulações auto-replicantes que se pudessem multiplicar e espalhar por todos os planetas habitáveis desta galáxia. As viagens quase à velocidade da luz permitiriam, naturalmente, uma colonização mais rápida desta galáxia e até de outras galáxias. E as viagens mais rápidas do que a luz poderiam não só colonizar rapidamente muitas galáxias, mas também ligar os seus muitos mundos numa vasta confederação cósmica através do comércio e comunicação espaciais. Mas a minha visão agradável, de uma propulsão mais rápida que permitisse a colonização de mais mundos, foi um pouco estragada pelo pensamento desagradável de que uma propulsão mais rápida para mais colonização poderia não beneficiar o universo como um todo, se a ganância e a beligerância maléficas da Terra fossem meramente espalhadas mais rapidamente através dele. De facto, uma iniciativa interestelar bem sucedida poderia ser prejudicial se as futuras civilizações espaciais da Terra fossem como todas as civilizações marítimas do passado - que trouxeram miséria e infortúnio às sociedades indígenas para onde quer que fossem. Este pensamento não parou o meu trabalho, mas fê-lo prosseguir com um pouco menos de zelo.

Propus uma Iniciativa Interestelar [26] que daria início a desenvolvimentos para ajudar a revolucionar os voos espaciais mais cedo no nosso sistema solar e para permitir a saída deste sistema antes do final deste século. Fiz com que os eventos iniciais da Iniciativa fossem consistentes com os planos avançados do governo de 1989, que previam o desenvolvimento de foguetões de fissão e fusão nucleares e expedições humanas à Lua e a Marte no período de 2020-2025 com foguetões químicos. Mas à medida que a Iniciativa seleccionava os seus desenvolvimentos arrojados no domínio dos voos espaciais (que poderiam incluir coisas como a energia de ponto zero e a propulsão de campo), as suas actividades distinguiam-se das de outras iniciativas. Resumi o meu trabalho num documento "An Interstellar Initiative for Future Flight" e apresentei-o em vários fóruns. Abaixo estava um conjunto preliminar de marcos da Iniciativa e as datas preliminares de conclusão que continha.

Preliminary Milestones of Interstellar Initiative

- Develop clean fusion propulsion .................... 2020
- Make first expedition to Mars ....................... 2030
- Develop field propulsion science .................... 2040
- Make first human outer planet expedition .... 2060
- Develop relativistic field propulsion ................ 2070
- Launch interstellar probe to nearby star ......... 2080
- Embark on human expedition to distant star .. 2099

A minha iniciativa era mais arrojada do que as iniciativas existentes na tentativa de criar programas científicos e tecnológicos ambiciosos e tinha um objetivo a longo prazo ambicioso. Mas era muito mais modesta do que os grandes programas actuais, porque se centrava em avanços científicos e tecnológicos que, se fossem bem sucedidos, poderiam em breve ser integrados em grandes programas, à medida que fossem sendo iniciados novos programas. Além disso, evitaria tornar-se estático e monótono, sendo composto por muitas pessoas a tempo parcial provenientes do meio académico, da indústria e do governo. Infelizmente, outros trabalhos da empresa permitiram pouco tempo para aprofundar os pormenores que a minha iniciativa exigia - tais como: de que forma a sua investigação poderia contribuir favoravelmente para o trabalho de outras iniciativas em vez de competir com elas, e de que forma os projectos e as pessoas-chave que realizam o seu trabalho avançado seriam selecionados e financiados da forma mais adequada?

A razão para a minha iniciativa era provavelmente demasiado elevada, mas era simples: abençoar mais pessoas, ajudando a revolucionar os voos espaciais - de modo a: proporcionar novos recursos e carreiras para a Terra e o seu povo; abrir novas fronteiras (empreendimentos emocionantes) para despertar mais corações e elevar mais espíritos; e ultrapassar as barreiras de voo que nos impedem de chegar onde precisamos de estar.

O meu artigo era suficientemente inovador para despertar o interesse de estudantes, cientistas, engenheiros e até de alguns gestores governamentais. Apresentei-o em fóruns de voos espaciais e em universidades quando estava na McDonnell Douglas e na minha própria empresa. Mas nada mudou realmente. Porque, sem qualquer urgência nacional ou pressão militar, a investigação aeroespacial entre o governo, a indústria e o mundo académico parecia já estar a abrandar para um ritmo mais calmo do que durante a Guerra Fria. E, infelizmente, algo mais parecido com o ritmo urgente da Guerra Fria era o que a minha Iniciativa Interestelar exigia. A ênfase técnica da Força Aérea já estava a mudar de "velocidade" para "furtividade" e o interesse do governo na energia e propulsão nucleares estava a começar a diminuir. Assim, agora, 30 anos após o fim dos anos de halcyon, não houve qualquer aumento da velocidade de voo ou da distância - sendo que a Voyager 1, lançada durante os anos de halcyon, continua a ser a nossa sonda mais rápida e mais distante. O programa futurista da N ASA, BreakThrough Propulsion Physics Program (BPP), acabou por ser encerrado. (Mas, felizmente, alguma da investigação revolucionária iniciada pelo BPP é agora levada a cabo pela organização "Eagleworks" da NASA no Johnson Spaceflight Center).

O astrónomo Michael Papagiannis, da Universidade de Boston, deu uma visão sobre a dificuldade de evoluir para uma civilização interestelar que viaje pelo espaço. Descreveu a fase industrial de uma civilização, que começa com um crescimento desenfreado, seguido de limites de crescimento: excesso de população, esgotamento de recursos, degradação do ambiente. Sugeriu que a força e a capacidade de procriação, importantes no início da evolução, devem finalmente ser substituídas pela sabedoria colectiva e pelo desenvolvimento ético para limitar o crescimento da população e a expansão materialista. Mas isso exige sociedades altruístas que vençam a beligerância e o amor à riqueza e ao poder. E argumentou que só essas sociedades ético-morais sobreviveriam o tempo suficiente para desenvolver a sabedoria-ciência-tecnologia necessária para um voo interestelar bem sucedido.

A ideia de Papagiannis de que as proezas intelectuais e científicas não são suficientes para ir para as estrelas foi desencorajadora. Mas a sua referência à ética e à moral ressoou em mim. Eu próprio já tinha sido confrontado com um desafio ético-moral e tinha visto as consequências desastrosas da falta dela. Um cliente achou que o nosso trabalho com mísseis Douglas era superior ao do seu empreiteiro atual e queria substituir esta empresa pela Douglas para os próximos trabalhos. Um dia, quando saí do seu escritório, deu-me um envelope grosso de manila e disse "leia isto - deve ajudá-lo". De volta à Douglas, abri o envelope. No interior estava um relatório da empresa rival e, pela capa, pude ver que continha informações preciosas para ajudar a derrotar a nossa rival. Mas a capa continha também a designação "Proprietário". Imediatamente, algo dentro de mim ordenou: "Não abras esse relatório. Devolve-o ao cliente! Foi o que fiz, para grande aborrecimento do meu cliente. A partir daí, ele passou a lidar com outros na Douglas e nunca mais ganhámos ao nosso rival. Mas, muitos anos mais tarde, aconteceu uma coisa semelhante numa competição semelhante entre empresas aeroespaciais. Uma empresa tinha recebido indevidamente informações exclusivas da outra. Descobriu-se que isso tinha acontecido e a empresa acusada foi severamente multada e privada de milhares de milhões de dólares de receitas futuras no sector aeroespacial - um preço muito elevado pela falta de moralidade e ética.

A ideia de Papagiannis de civilizações espaciais éticas e morais também me confortava. Porque, se a própria Terra fosse alguma vez visitada por civilizações espaciais. A ética e a moralidade desses seres tecnicamente superiores não permitiriam os maus tratos que as civilizações marítimas do passado impuseram aos povos nativos da Terra.

Surpreendentemente, perto do fim do seu artigo [27], Papagiannis trouxe subitamente Deus para a sua discussão, sugerindo que as civilizações interestelares morais e éticas que viajam pelo espaço estariam perto do fim da longa e paciente evolução de Deus de homens e mulheres do "pó da terra" para imagens e semelhanças perfeitas. Discordei imediatamente da ideia de Papagiannis de que as civilizações interestelares estariam perto do zénite da evolução espiritual de Deus da humanidade para fora do materialismo e do pecado, em direção à perfeição e à santidade. Não fazia qualquer sentido, pois não correspondia à realidade atual de degradação do ambiente - corrupção governamental - ganância empresarial - miséria humana em constante crescimento. Certamente que as coisas não estavam a melhorar - mas sim a piorar. E não havia boas notícias vindas da religião. Pois a profecia bíblica (Apocalipse Capítulos: 4-19) descrevia males - pragas - terramotos - incêndios que assolavam a maior parte da Terra.

Mas depois de ler todos os anos de tribulação do Apocalipse - quando os anjos com taças soltaram calamidades na Terra - descobri que havia mais. Cheguei a Apocalipse 20, quando: "Satanás é vencido e aprisionado num poço sem fundo. E, no milénio, todos os que foram mortos por Cristo ou sobreviveram à tribulação por seguirem Cristo reinarão com ele na Terra durante mil anos". Quase nada de pormenor é dito sobre este reinado de 1.000 anos, sendo que a maior parte do foco está no que acontece após o fim do milénio - quando Satanás é libertado e vencido, e o mundo físico é completamente transformado num mundo espiritual (Apocalipse 21).

Começou a crescer a ideia de que a visão religiosa de Papagiannis sobre o voo interestelar era consistente com o "milénio" da Bíblia e, se havia um, porque não poderia incluir o voo interestelar? Porque, durante esse milénio, as pessoas que sobreviveram à tribulação satânica estariam disponíveis para uma Iniciativa Interestelar e, certamente, seriam o tipo de pessoas necessárias para se organizarem numa civilização espacial ético-moral que Papaginnis exige para o voo interestelar. Assim, mesmo que os anos do milénio sejam mais curtos do que os anos actuais, Satanás, o criador de problemas, desapareceu e o melhor líder possível de qualquer iniciativa está no comando. Assim, certamente haverá tempo suficiente para uma iniciativa interestelar e uma idade final de voo.

O fim

**Imagem composta da Galáxia do Sombrero pelos Telescópios Espaciais Spitzer e Hubble**

# Ackwledgements

Ninguém consegue fazer tudo sozinho. A maior parte das coisas requer a ajuda de outros. Por isso, tenho de agradecer a alguns desses outros que ajudaram a tornar este livro possível.

Tenho de começar pelo pai e pela mãe, Mary e Herman Froning, os melhores pais que se poderia ter. Já partiram há algum tempo, mas nunca poderei esquecer o seu amor e apoio inabaláveis. A seguir, a minha maravilhosa mulher, Irina - cuja rara inteligência e beleza a teriam tornado famosa em muitas carreiras. Mas, felizmente para mim, ela escolheu uma carreira mais humilde e de ajuda. Por isso, o seu trabalho árduo tornou possível tudo o que escrevi neste livro. De seguida, o meu melhor e mais antigo amigo: Garrett Stone. Felizmente para mim, Garrett passou uma pequena parte dos seus últimos anos a ajudar-me de forma altruísta a editar este livro - antes de ser chamado para coisas muito mais elevadas.

Tenho de agradecer aos meus grandes professores na Universidade de Illinois: Jake Hauser, Harry Hilton, Jon Cromer, Paul Torda e, em especial, M. Z. Krzywoblocki, que despertou a minha paixão pela aerodinâmica. E um agradecimento especial ao Professor John Schetzer da Universidade de Michigan, um homem maravilhoso e perspicaz que a alimentou ainda mais. ive.

Spence Robinson foi o meu supervisor Nike Zeus de apoio na Douglas. Spence era um prazer trabalhar e viajar com ele. Inteligente, caloroso e divertido, não havia escritório ou local (mesmo no "deep-south") onde não fizesse novos amigos. Por isso, quando morreu num acidente, a grande igreja negra de Spence estava cheia de lágrimas de gente branca que veio prestar homenagem a esse grande homem. Quero voltar a fazê-lo.

Agora percebo que a melhor parte da vida aeroespacial não foi projetar e construir máquinas de voo espantosas. Foi a alegria de o fazer numa irmandade de homens incrivelmente brilhantes - com todos nós a acreditar que fazíamos parte de uma missão que valia a pena. Por isso, obrigado a todos os que não mencionei. Foi um grande privilégio ter trabalhado convosco. .

Por fim, quero agradecer novamente à minha mãe. Ela inscreveu-me numa escola dominical que fazia parte de uma Igreja que seguia a ordem de Jesus de "curar os doentes" (e não apenas pregar o evangelho). Isto fez com que eu me voltasse primeiro para Deus, quando confrontado com problemas físicos, antes de recorrer imediatamente a meios médicos. Isso também me levou a recorrer a Deus quando surgiram outros problemas. Assim, todas as coisas boas mencionadas neste livro resultaram desta viragem. Assim, correndo o risco de irritar os ateus devotos que, de outra forma, poderiam ter lido este livro, devo reconhecer o bem - Deus acima de tudo.

## Referências


[1] Relatório n.º SM-35775, "Proposed Canard Control Nike Zeus Missile", Departamento de Engenharia de Mísseis e Espaço, Divisão de Santa Mónica, Douglas Aircraft Company, Inc., Santa Mónica, Califórnia, junho de 1959

[2] Relatório Douglas SM-41425, "Sprint Missile Preliminary Urban Defense Study", Departamento de Engenharia de Mísseis e Espaço, Divisão de Santa Mónica, Douglas Aircraft Company, Inc., Santa Mónica Califórnia, março de 1962

[3] Relatório n.º SM-43268, 1962, "Medusa Intercetor Study Report", Departamento de Engenharia de Mísseis e Espaço, Divisão de Santa Mónica, Douglas Aircraft Company, Inc., Santa Mónica, Califórnia, março de 1963

[4] Froning, H.D.,Jr., "Investigation of Antimatter Airbreathing and Rocket Propulsion for Single-Stage-to-Orbit Ships," MDC H2618A, 1987 JANAAF Propulsion Meeting, San Diego, Califórnia, 15-17 de dezembro de 1987

[5] Froning, H.D., Jr., Little, Jay," Fusion-Electric Propulsion for Aeropace Plane Flight," AIAA- 93-5126, AIAA/DLGR Fifth International Aerospaceplanes and Hypersonics Technologies Conference, Munique, Alemanha, 1993

[6] Bussard, R.W., "The Advent ofClean Nuclear Fusion: Superperformance Space Power and Propulsion", 57º Congresso Internacional de Astronáutica (IAC 2006), outubro de 2006

[7] Froning, H.D.Jr., Czysz, P., "Advanced Technology and Breakthrough Physics for 2025 and 2050 Military Vehicles," Space Technology and Applications International Forum (STAIF2006), AIP Conference Proceedings, Editor S. El-Genk, American Institute of Physics, Melville NY, 2006

[8] Barrett, T.W., "Topological Foundations of Electromagnetism, "World Scientific," 2008

[9] Barrett, T.W., "On the distinction between fields and their metric," Annales de la Louis de Broglie, 14, 1., 1989

[10] Froning, H. D. Jr., "Reducing Fusion Plasma Confinement Energy With Specially Conditioned Electromagnetic Fields, "Journal of Space Exploration, Vol.2 (3),2013,p126-185, Menta Press,2013

[11] Haisch,B.,Rueda,A.,Puthoff,H.,Inertia as a zero-point field Lorentz Force, "Phys. Rev. A, Vol. 49, p678 (1994)

[12] Froning, H.D. Jr Roach, R.L., "AIAA-2002-3925, Preliminary Simulations of Vehicle Interactions with the Quantum Vacuum by Fluid Dynamic Approximations" 38th AIAA/ASME/SAE/ASEE Joint Propulsion Conference, Indianapolis, Indiana, 2002

[13] Froning, H.D. Jr.," AIAA 96-4329, Economic and Technical Challenges of Expanding Space Commerce By RLV Development", 1996 AIAA Space Programs and Technologies Conference

[14] Sanger, E., "The Attainability of the Stars," 7th International Astronautical Congress, Roma, Itália, 1956

[15] Froning, H.D. Jr., "Some Preliminary Propulsion System Considerations and Requirements for Interstellar Flight", 18th International Astronautical Congress, Belgrado, Jugoslávia, 1967

[16] Froning, H.D. Jr., "Interstellar Flight - A Potential Space Vehicle Opportunity for International Collaboration," 19th International Astronautical Congress, Nova Iorque, EUA, 1968

[17] Bussard, R.W., "Galactic Matter and Interstellar Flight, "AstronauticaActa, Vol.6,171-193, 1960

[18] Wheeler, J.A., "Superspace and the Nature of Quantum Geometrodynamics". Topics in Nonlnear Physics, pp. 615-644; Actas da Secção de Física da Escola Internacional de Matemática e Física Não Lineares, Springer Verlag, 1968

[19] Froning, H.D. Jr., "Propulsion Requirements for a Quantum Interstellar Ramjet," Journal of British

Interplanetary Society, Volume 33, No.7, julho, 1980

[20] Forward, R.L., "Extração de energia elétrica do vácuo por coesão de condutores foliados carregados"

[21] Froning, H.D.,Jr., "A Metaphysical Interpretation of Tachyons," Speculations in Science and Technology, Elselvier, Sequoia S.A., Lausanne 1, Suíça, 1981-1982

[22] Stevens, W.C., "UFO... Contacto das Plêiades Volune 1, " Amazon.com'',1983

[23] Froning, H.D. Jr., "Propulsion Requirements For Rapid Transport to Distant Stars," Journal of British Interplanetary Society, Volume 36, No.5, maio, 1983

[24] Froning, H.D. Jr., "Reaching the Further Stars, Overcoming the Barriers of Time and Space", Spaceflight, Dez. 1983,Vol25 No.12, Publicado pela Sociedade Interplanetária Britânica

[25] Alqubierre, M.," The Warp Drive, hyper-fast ravel within general relativity," Classical Quantum Gravity,11.(5)L73-L77, 1994

[26] Froning, H.D.Jr.," An Interstellar Exploration Initiative for Future Flight, "MDC 91 H7041 Mc Donnell Douglas Space Systems Company, apresentado no 28th Space Congress, Cocoa Beach, Florida, abril de 1991

[27] Papagiannis, M.E., "Natural Selection of Stellar Civilizations by the Limits of Growth", Departamento de Astronomia, Universidade de Boston, 1984 <html:file:\1984QRAS-25-309>

**Nota: Todas as citações bíblicas são da "Authorized King James Version"** (Impressa pela Cambridge University Press)

Printed by Books on Demand GmbH, Norderstedt / Germany